JOLANDA ENGLBRECHT



# Kräuter-garten

## *Würziges aus Beet und Topf*

- Genussvoll gärtnern mit Duft und Aroma
- Neue Gestaltungs-Ideen für Kräuter-Klassiker
- Pflege-Tipps für Kräuterfans

# Inhaltsverzeichnis

SALBE
OREGANO

# KRÄUTERGÄRTEN PLANEN UND GESTALTEN

Platz für aromatische Kräuter ist in jedem noch so kleinen **Garten**. Sogar auf Balkon und Terrasse oder dem Fensterbrett gedeihen die würzigen Pflanzen gut. Nette **Gestaltungsideen** für jeden Geschmack, praktische Lösungen und hübsche **Accessoires** warten auf ihren Einsatz im Kräuterreich.

# Streifzüge ins Kräuterreich

Wäre es nicht schön, das markante Aroma von Kräutern immer greifbar nah zu haben? Geben Sie Ihrem Garten doch etwas Würze – für Ihre Lieblingspflanzen findet sich sicher ein Plätzchen.

*Im Kräuterbeet lassen sich Schönheit und Vielfalt der Kräuter aufs Schönste vereinen.*

Kräuter sind richtige Multitalente! Sie bringen Würze in jedes schmackhafte Gericht, versorgen uns mit Vitaminen und kurbeln mit wertvollen Inhaltsstoffen den Stoffwechsel an. Aber das ist noch lange nicht alles. Sie verzaubern uns bereits bevor sie im Kochtopf landen mit schönen Blüten und betörendem Duft und versetzen uns dabei in eine andere Welt. Streifen Sie mal an einem Salbeibusch vorbei oder reiben Sie an einem Melissenblatt – schon sind Sie in Gedanken am Mittelmeer und müssen Ihren Garten dafür gar nicht verlassen.

## GRÜN IST NICHT GLEICH GRÜN

Und Kraut ist nicht gleich Kraut. Wie groß die Farbpalette der Blätter, die Formenvielfalt und die Schönheit der Blüten ist, erschließt sich oft erst auf den zweiten Blick. Wer kommt schon auf die Idee, mehrere Salbeiarten nebeneinander ins Beet zu pflanzen oder hübsche Borretschblüten in die Salatschüssel zu streuen? Wie wäre es mal mit einem Spalier aus verschiedenen Zitronenkräutern auf der Terrasse? Wer erst einmal eingetaucht ist ins würzige Reich, kann sich dem Zauber nicht mehr entziehen. Was liegt also näher als ein eigenes Kräuterparadies! Dafür braucht man keinen großen Garten. Schon wenige Quadratmeter genügen, um ein Kräuterbeet im Mini-Format anzulegen. Auch in Ihren Balkonkasten können Sie zur Abwechslung mal Kräuter säen oder sie einfach zwischen bunte Blumen pflanzen. Ein paar mediterrane Kräutertöpfe auf der Terrasse versetzen Sie im Handumdrehen in Urlaubsstimmung, und sogar auf der Fensterbank im Haus drängeln sich die Lieblingskräuter um den besten Platz. Frostempfindliche und exotische Arten lassen sich dort gut über den Winter bringen.

## BEET IST NICHT GLEICH BEET

Die meisten Arten sind genügsame Gartenbewohner, deren Pflegebedürfnisse leicht zufrieden zu stellen sind. Die ätherischen Inhaltsstoffe machen die Pflanzen resistent gegen Schädlinge und vertreiben diese zudem von weniger robusten Beetnachbarn. Abgesehen von reichlich Sonne und nahrhaftem Boden stellen Kräuter kaum Ansprüche an ihren Standort. Und selbst im Schatten von Bäumen und Sträuchern lassen sich einige Arten nicht so schnell vertreiben.

Kräuter wurden schon in den Klöstern des Mittelalters geschätzt. Heil- und Würzmittel wurden in Beeten so angebaut, dass sie von jeder Seite gut und schnell erreichbar waren. Von Wegen durchkreuzt, mit Beeteinfassungen aus Buchs und mit einem kleinen Brunnen in der Mitte – so stellt sich ein klassischer Kräutergarten dar. Heutige Gärten sind meist viel zu klein dafür, und moderne Haushalte benötigen natürlich weitaus weniger Kräuter als ein ganzes Kloster. Für ein nach altem Vorbild geometrisch angelegtes Mini-Kräuterbeet braucht man weniger Platz als man denkt (→ Seite 12/13). Schwebt Ihnen vielleicht eher eine moderne Variante vor? Dafür kommt z. B. ein streng formales Kräuter-Schachbrett zwischen Kiesflächen in Frage. Oder haben Sie eine romantische Ader? Dann legen Sie doch einen Kräuter-Duftweg an (→ Seite 64/65). Für was Sie sich auch entscheiden: Ein Kräuterbeet sollte immer an einem möglichst sonnigen Platz liegen, der auch von der Küche aus gut zu erreichen ist, damit Sie mit wenigen Schritten ein paar würzige Zweige ernten können.

*Im Kräutergarten sind über Trittplatten alle würzigen Pflanzen leicht erreichbar.*

INFO

### Kräuter-Kult

Im Küchenregal stehen heute exotische Gewürze wie selbstverständlich neben dem Salz. Darüber, dass die Kultur würziger, anregender und heilender Kräuter eine ebenso lange Geschichte hat wie die Menschheit selber, macht man sich beim Blick ins Kochbuch eigentlich kaum Gedanken. Antike Gelehrte und mittelalterliche Mönche haben uns detaillierte Aufzeichnungen über das Jahrtausende alte Wissen vom Nutzen und der Wirkung unzähliger Kräuter hinterlassen, die inzwischen eine Fundgrube für Apotheken und Köche sind. Und in heutigen Kräutergärten werden alte Traditionen ständig mit neuen Ideen gewürzt – so bleiben Kräuter immer im Trend.

# Die ganze Kräutervielfalt

**Allen Kräutern gemeinsam ist ihr würziger Geschmack und Duft, den sie vor allem ihrem Gehalt an ätherischen Ölen in Blättern und Blüten verdanken. Was Aussehen und Lebensweise betrifft, gehen sie aber sehr verschiedene Wege.**

Manche sind filigran und zerbrechlich, andere holzig und robust: Die unüberschaubare Fülle verschiedener Kräuter bietet im Garten, auf dem Balkon, der Terrasse und am Fensterbrett eine Vielzahl von Gestaltungsmöglichkeiten. Die jeweilige Wuchsform und Lebensweise sollten Sie bei der Planung eines Kräutergartens unbedingt berücksichtigen.

## KRÄUTER RICHTIG AUSWÄHLEN

➤ Einjährige Arten sind die kurzlebigsten Vertreter im Kräuterreich, sie keimen, blühen und bilden Samen im gleichen Jahr. Einige wie Gewürztagetes und Kapuzinerkresse blühen aber in der kurzen Vegetationszeit umso üppiger. Basilikum, Bohnenkraut, Dill, Kerbel, Koriander und Kresse lassen sich leicht aussäen und am Fensterbrett ziehen. Will man nur ein oder zwei Exemplare halten, lohnt sich die Aussaat in der Regel nicht. In diesem Fall kann man sie auch schon vorgezogen in Töpfen kaufen. Im Garten eignen sie sich hervorragend, um Lücken zwischen ausdauernden Gewächsen zu schließen oder Gefäße zu bepflanzen, die man im Herbst einfach wieder ausleert. Ebenfalls einjährig werden Majoran und Parakresse gezogen, die eigentlich zu den Stauden zählen (s. u.), unsere kalten Winter aber überhaupt nicht schätzen.

➤ Zweijährige blühen und fruchten im zweiten Jahr nach der Aussaat. Zu ihnen zählen Petersilie und Kümmel. Benötigt man nur die Blätter, wie bei der Petersilie, kann man sie schon im ersten Jahr nutzen. Möchte man aber z. B. Kümmelsamen ernten, ist Geduld gefragt. Dann überwintert man die Pflanze draußen und wartet, bis sie im zweiten Jahr blüht und Samen bildet. Petersilie ist wie die Einjährigen in Töpfen drinnen wie draußen und auch in Beeten durch Aussaat leicht zu ziehen.

➤ Stauden bilden während der Vegetationsperiode Blätter und Blüten, im Herbst sterben ihre oberirdischen Sprosse ab und sie überwintern nur als Wurzelstock im Boden. Zu dieser Gruppe zählen Estragon, Liebstöckel, Oregano, Pfefferminze, Sauerampfer und Zitronenmelisse, die sehr pflegeleicht sind und viele Jahre im Beet bleiben können. Wenn ihre Wuchskraft irgendwann nachlässt, hilft es oft, sie im Frühjahr oder Herbst auszugraben, zu teilen (→ Seite 68) und wieder in nährstoffreiches Substrat zu pflanzen. Im Topf kann man sie auch heranziehen, sie brauchen aber mit Ausnahme von Oregano für ihre Wurzeln ausreichend Platz, also etwas größere Gefäße. Ebenfalls zu den Stauden gehören Zwiebelpflanzen wie Bärlauch, Schnittlauch und alle anderen würzigen Lauch-Arten. Schnittlauch lässt sich im Gegensatz zu anderen Zwiebelgewächsen übrigens auch sehr gut in Töpfen halten.

➤ Halbsträucher sind mehrjährige Pflanzen, die im unteren Bereich verholzen. Zu ihnen gehören Lavendel, Salbei und Thymian. Sie fühlen sich draußen im Gefäß oder Beet am wohlsten. Einige empfindliche Salbei- und Thymian-Arten brauchen in rauen Lagen etwas Winterschutz.

*Zu den ein- und zweijährigen Kräutern zählen Basilikum, Dill und Petersilie.*

*Rosmarin gehört zu den Kräutern, die mit zunehmenden Alter im unteren Bereich verholzen.*

➤ Gehölze bilden im Gegensatz zu Stauden ein dauerhaftes, verholzendes Gerüst. Man unterscheidet Laub abwerfende Gehölze wie die Zitronenverbene und immergrüne Gehölze. Die Immergrünen bilden zwei Gruppen: Nadelgehölze wie Wacholder (*Juniperus communis*) oder Laubgehölze, zu denen z. B. Buchs zählt. Als beständigstes Element im Kräuterbeet oder Kübel bewahren sie selbst bei starkem Frost Form und Gestalt und bringen mit ihren grünen Blättern etwas Farbe in die weiße Winter-Gartenlandschaft. Rosmarin dagegen ist frostempfindlich und sollte mit Ausnahme von sehr milden Lagen die kalte Jahreszeit im Haus verbringen.

➤ Als Kübelpflanzen fasst man alle frostempfindlichen Gehölze und Stauden aus südlichen Regionen zusammen, die in größeren Gefäßen gezogen werden wie Lorbeer, Zitroneneukalyptus und Zitronenverbene. Sie bringen mediterranes Flair auf Terrassen und Balkone, würden aber unsere kalten Winter im Freien nicht überstehen. Als klassischer Fall für die Topfkultur werden sie frostfrei im Haus überwintert. Das gilt auch für die Duftpelargonie, ebenfalls nur ein Sommergast auf Balkon und Terrasse. Oft kultiviert man sie einjährig, wenn Sie aber Platz genug haben, können Sie Duftpelargonien auch im Haus an einem kühlen, hellen Platz überwintern.

Blüten von Thymian

Filigrane Weinrautenblätter

Basics

# Gestalten mit Farben und Formen

**Was macht die Schönheit eines Kräuterbeetes oder Arrangements von Topf- und Kübelpflanzen aus? Wie ergänzen sich die verschiedenen Formen, Blatt- und Blütenfarben zu einem harmonischen Ganzen? Ein paar Regeln sind der Schlüssel zum Erfolg.**

Das Geheimnis steckt wie so oft im Detail. Betrachten Sie die Pflanzen einmal ganz genau: Blätter erscheinen nicht einfach nur grün, sie und natürlich auch die Blüten weisen eine ganze Palette verschiedener Abtönungen auf. Selbst ihre äußere Form und die Struktur ihrer Oberfläche sind unterschiedlich. Geschickt kombiniert erzielt man damit eine effektvolle, abwechslungsreiche Gestaltung im Beet.

## BUNTE BLÜTENTRÄUME

Viele Kräuter blühen um die gleiche Zeit, z. B. im Mai und Juni. Ihre Farben konkurrieren dann miteinander, wobei natürlich auch die Laubfarben (s. u.) eine nicht unbedeutende Rolle spielen. Berücksichtigen Sie immer auch die Färbung des Umfeldes, z. B. der Mauer, der Terrasse und gleichzeitig blühender Zierpflanzen. Alles das kann nur überzeugend wirken, wenn Sie ein paar einfache Regeln für die Wirkung von Farben bei der Pflanzung berücksichtigen:

➤ **Monochrome** Bepflanzungen mit z. B. nur weißen, rosa- oder lilafarbenen Blüten haben einen eigenwilligen Reiz. Dabei kommen unterschiedliche Formen von Blüten und Blättern (s.u.) besonders gut zur Geltung. Eine interessante Variante ist die Ton-in-Ton-Bepflanzung. Hier stuft man verschiedene Töne einer Farbe in ihrer Helligkeit aufeinander ab.

➤ **Farb-Kombinationen** können aus zwei bis vier Tönen oder sogar kunterbunten Mischungen bestehen. Besonders auffallend wirken Zusammenstellungen aus Komplementärfarben wie Rot und Grün, Blau und Orange, Gelb und Violett. Zu starke Kontraste können Sie mit weiß blühenden Arten mindern. Hübsch sind auch so genannte Farbverläufe in Rot-Orange-Gelb oder pastellfarbene Dreiklänge wie Rosa-Hellblau-Weiß. Kühle, blaue

Raue und glatte Salbeiblätter

Rotblättriges Basilikum

Töne lassen übrigens kleine Gärten größer erscheinen, warmes Rot oder Gelb bewirkt eher das Gegenteil.

## VIELFALT DER FORMEN

Blätter können großflächig oder sehr fein gefiedert sein, oval, lanzettlich oder grasartig. Große Borretschblätter lassen eine Bepflanzung üppig erscheinen. Filigranes Laub hingegen wie das von Dill verleiht selbst stattlichen Pflanzen eine leichte und zarte Wirkung. Gerade wenn sonst nur wenig im Garten blüht, kommt die Form der Blätter besonders gut zur Geltung. Grasartige Schnittlauchhalme und filigrane Weinrautenwedel lockern Pflanzungen aus Arten mit kompakten Blättern wohltuend auf. Ein Mix aus Kräutern mit verschiedenen Blattformen erzeugt immer eine sehr lebendige Wirkung.

## GEMISCHTE GEFÜHLE

Probieren Sie es einfach mal aus: Blattoberflächen können sich sehr unterschiedlich anfühlen. Manche Blätter sind glatt, andere tief gefurcht, einige samtig behaart, wieder andere glänzend oder matt. Glatt bis glänzend sind z. B. die Blätter von Lorbeer, Petersilie oder Portulak. Eine behaarte und matte Textur weisen u. a. Borretsch-, Majoran- oder Salbeiblätter auf. Die Kombination von Pflanzen mit unterschiedlichen Oberflächen bringt abwechslungsreiche Variationen ins Kräuterbeet oder ins Topfarrangement mit Kräutern, die man nicht nur sehen, sondern auch fühlen kann.

## FARBIGE BLÄTTER

Wenn außerhalb der Blütezeit nur noch die Blattfarben den Ton angeben, kommt deswegen noch keine Langeweile auf. Es gibt zahllose Grüntöne, die das Beet strukturieren: vom graugrünen Salbei über gelbgrünen Dill bis zur sattgrünen Petersilie. Verschiedenste Nuancen, auch bläuliche und rötliche Töne wie bei Austernpflanze (*Mertensia maritima*) und Parakresse (*Spilanthes oleracea*), sind möglich. Graues und helles Grün lockern eine Pflanzung auf. Dazu setzen Arten mit andersfarbigen Blättern Akzente wie Rotblättriges Basilikum ('Purple Ruffles' oder 'Osmin') und Sorten mit mehrfarbigen Blättern wie Gelbbunter Salbei ('Icterina'), Dreifarbiger Salbei ('Tricolor') oder Weißbunter Zitronenthymian (*Thymus* x *citriodorus* 'Variegatus').

## KOMBINIEREN SIE DOCH MAL

- Mischen Sie nicht zu viele Farben, besonders, wenn Sie einen sehr kleinen Garten haben.
- Ein ruhiges, harmonisches Bild entsteht durch die Wahl von Arten mit ähnlichen Farben und Formen.
- Spannungsreiche Kontraste erzielen Sie, wenn Sie sehr unterschiedliche Farben, Formen und Strukturen verwenden.
- Setzen Sie Akzente durch hohe, markante Pflanzen als Blickfang zwischen niedrig wachsenden.
- Immergrüne Arten wie Thymian erfreuen das Auge auch im Winter und sollten deshalb in keinem Fall fehlen.

# Ordnung muss sein

Bringen Sie Ihr Beet doch mal in Form. Dann machen auch Kräuter, die gerade nicht blühen, darin jederzeit eine gute Figur. Mit etwas Geschick und geeigneten Pflanzen wird so selbst ein kleines Beet zum Garten-Highlight.

Auch aus der kleinsten Gartenecke lässt sich mit ein paar Spatenstichen ein kleines, wohl geordnetes Kräuterreich zaubern. Und selbst auf der Terrasse ist keine Bodenplatte vor Kräutern wirklich sicher. Je nach Wunsch und Möglichkeiten gibt es für die Gestaltung im Garten zahlreiche Varianten. Sehr sachlich wirkt es, Beete nur mit Kies und wenigen Kräuterarten streng formal anzulegen. Eingefleischte Kräuterfans möchten vielleicht lieber einen richtigen, geometrisch angelegten Kräutergarten einrichten. Für ein »musterhaftes Beet« lohnt es sich in jedem Fall, vorher ein Pflanzschema aufzustellen, in dem die Beetform und die Verteilung der Pflanzen festgelegt werden, und den Bereich im Garten genau abzustecken.

## SPIEL MIT FORMEN

Mit nur wenigen Mitteln kann ein Kräuterbeet richtig Eindruck machen. Alles, was Sie brauchen, sind mehrere Kräuter mit unterschiedlichen Blattformen, -farben und -oberflächen, die Sie genau nach Plan einpflanzen. Während der Blütezeit ändert und steigert sich natürlich die Farbigkeit im Kräuterbeet noch, und verschiedene Wuchshöhen sorgen für zusätzliche Effekte.

**Quadratisch, praktisch, gut:** Legen Sie eine Beetform mit vier quadratischen Flächen an und bepflanzen Sie jedes mit Kräutern in einer anderen Blattfarbe, also z. B. Frischgrün (Petersilie, Schnittlauch), Graugrün (Bohnenkraut, Majoran, Salbei), Gelb (Thymian- oder Minze-Sorten) und Rotviolett (Basilikum- oder Salbei-Sorten). Sie können die Quadrate auch noch in jeweils zwei Dreiecke teilen.

**Schach setzen:** Schon vier Quadrate, die mit verschiedenen Arten bepflanzt werden, reichen für eine Kräuter-Schachpartie. Wenn sogar Platz für 16 kleine Quadrate vorhanden ist, lassen sich acht davon auch mit hellem oder farbigem Kies gestalten, der im strengen Kontrast zu den Kräutern steht. Um die Kräuter zu ernten oder zu pflegen, können Sie praktischerweise immer auf die Kiesflächen treten. Manche Arten nehmen aber auch den einen oder anderen Tritt nicht krumm. Sehr genügsam sind in dieser Hinsicht polsterförmig wachsender Thymian, von dem es viele Formen mit unterschiedlichen Blattfarben gibt, und Römische Kamille (→ Seite 64/65).

**Kreise ziehen:** In einem runden Beet bietet es sich an, vier Viertelkreise zu bilden und diese unterschiedlich zu bepflanzen. Sehr wirkungsvoll wirkt auch ein Kreis mit Spiralmuster oder Ringen, der mit kontrastreichen Arten gestaltet wird, z. B. mit gelbblättrigem Thymian und violettem Salbei. Asienfreunde lassen sich vielleicht zu einem Yin-Yang-Muster aus zwei Kräuter-Sorten inspirieren. Die gleichmäßige Kreisform bekommt man mit einem selbst gebauten Zirkel hin. Dazu werden zwei Pflöcke mit einer Schnur verbunden. Einer davon wird im geplanten Zentrum in die Erde gesteckt und der andere markiert im gewünschten Radius die Kreislinie. Sie können die Linie auch mit einer umgedrehten, sandgefüllten Flasche an der Schnur ziehen.

## HÖHERE KRÄUTERGEOMETRIE

Für einen symmetrisch geordneten und übersichtlichen Kräutergarten mit Wegkreuz reicht eine Fläche von etwa 7 qm schon aus. Einen halben Meter breit sollten die Mittelwege sein, damit Sie bequem darüber gehen können. Dabei bleiben vier Beete von je 1 x 1 m für die Kräuter übrig, die Sie in verschiedenen Mustern oder auch kunterbunt bepflanzen können. Im Schnittpunkt des Wegkreuzes macht sich ein rundes Beet gut, in dem ein Brunnen oder eine Sonnenuhr steht. Die quadratische Grundform der vier Einzelbeete weist jeweils zum Zentrum hin abgerundete Ecken auf. Mit einer hübschen Umrandung wird daraus ein wahres Schmuckstück. Die klassische Einfassungspflanze ist der nur langsam wachsende, immergrüne Buchs (→ Seite 16), der für die gewünschte Ordnung sorgt. Wenn Sie wirklich jeden Winkel für die Kräuter nutzen möchten, eignen sich sogar Schnittlauch, Weinraute oder Petersilie (→ Seite 16) als leckere Umrahmung. Pro laufenden Meter benötigen Sie je nach Größe und Wüchsigkeit dafür ca. 6–8 Pflanzen.

## INSEL-DASEIN

In einer »Steinwüste« zwischen Platten im Vorgarten, am Haus oder auf der Terrasse kann man leicht Platz für eine kleine Kräuter-Oase schaffen. Nehmen Sie hierfür aus einer mit Wegplatten ausgelegten Fläche einfach mehrere Elemente heraus, z. B. in Form eines L, eines U oder eines Z. Bei einer quadratischen Form können Sie eine Platte im Zentrum stehen lassen und darauf einen schönen hohen Topf mit Gewürztagetes oder einem anderen blühenden Kraut stellen. Die restlichen Bereiche bepflanzen Sie mit Kräutern in möglichst wechselnden Blattfarben. Sie können natürlich auch ein paar Zierpflanzen dazwischen setzen.

*Alles dreht sich um Kräuter: Ringförmig gepflanzt herrscht wohltuende Ordnung im Beet.*

*Ob Z, L oder U: Zwischen den Terrassenplatten gedeiht ein würziges Alphabet.*

# Warum so förmlich?

Sie lieben unkonventionelle Lösungen und improvisieren gern? Sie erwarten von Kräutern mehr als nur guten Geschmack? Dann gestalten Sie Ihre Kräuter-Oasen doch mal locker vom Hocker.

*Kräuter machen mobil: In Kisten sind sie sogar transportabel.*

Wer sagt denn, dass ein Kräuterbeet immer an der gleichen Stelle wachsen muss? Machen Sie Ihre Sonnenanbeter doch einfach mobil und holen Sie sie aus dem Schatten zu sich an den Sonnenstuhl. Oder verschaffen Sie ihnen so viel Höhenluft, dass Sie sie auch wirklich mit allen Sinnen genießen können. Kräuter lassen eine ganze Menge mit sich machen. Für jeden Standort gibt es geeignete Arten, die man nach Lust und Laune zusammenstellen kann. Ein förmliches Kräuterbeet lässt sich nur durch ein paar bunte Blumen oder nette Accessoires (→ Seite 18/19 und Seite 20/21) schon zu einem Multikulti-Beet auflockern. Und als Gestaltungselemente eignen sich prima ausrangierte Kästen, Zinkwannen oder Holzfässer, die man mit Kräutern bepflanzt ins Beet integrieren kann. Oder probieren Sie doch mal, ob die morsche Trittleiter noch ein paar Kräutertöpfe aushält! Im Garten lässt sie sich beliebig aufstellen und macht damit sicher eine gute Figur.

## KRÄUTER MOBIL GEMACHT

Ein alter Leiterwagen, eine ungenutzte Schubkarre oder eine ausgediente Obstkiste wird zum mobilen Kräuterbeet umfunktioniert und kommt so zu neuen Ehren. Darin können Sie Ihre Kräuter zum Schnuppern, Bewundern oder Ernten ganz einfach von A nach B bringen. Sollte das Behältnis »nicht ganz dicht« sein, können Sie es mit Jute o. Ä. auskleiden, bevor Sie Blumenerde zum Bepflanzen einfüllen, damit beim Gießen nicht gleich wieder alles ausgeschwemmt wird. Etwas Folie tut es auch, sie sollte aber ein paar Löcher haben, damit das Wasser abfließen kann. Füllen Sie in das ausgekleidete Behältnis bis etwa 2 cm unter den Rand Erde ein und drücken Sie sie etwas fest, vor allem in den Ecken. Nun können Sie die Kräuter nach Belieben hineinpflanzen. Hübsch sieht es aus, wenn am Rand lange Triebe überhängen oder höhere Pflanzen wie Estragon oder Liebstöckel die Mitte betonen. Wichtig fürs Auge sind dazu einige buntblättrige oder attraktiv blühende Sorten (→ INFO und Seite 11), die für Farbtupfer sorgen. Achten Sie bei der Auswahl der Pflanzen darauf, dass alle Arten die gleichen Standortansprüche haben (→ Seite 34/35 und Seite 36/37).

## SCHNUPPERN LEICHT GEMACHT

Wer einmal im Urlaub vom aromatischen Duft mediterraner Kräuter in den Bann gezogen wurde, wird auch daheim nicht mehr darauf verzichten wollen. Am intensivsten können Sie Lavendel, Rosmarin & Co. in unmittelbarer Nähe eines sonnigen Sitzplatzes genießen, und zwar am besten direkt in Augen- bzw. Nasenhöhe, damit sich die entspannende und wohltuende Wirkung auch bemerkbar macht. Ideal wäre dafür z. B. die Krone einer Natursteinmauer an der Terrasse, die den natürlichen Standortansprüchen der Duftkräuter nach viel Licht und Wärme am ehesten entspricht. Auch die südexponierte Böschung neben einer Gartentreppe bietet sich für eine Schnupperpflanzung an. Schritt für Schritt steigt Ihnen dort der würzige Geruch der Kräuter direkt in die Nase. Bepflanzt wird die Schnupperecke ganz nach persönlichen Vorlieben mit duftenden Arten wie Minze, Oregano, Salbei, Thymian und Zitronenkräutern. Natürlich gehören auch duftende Rosen unbedingt dazwischen. Viele dieser Kräuter sind nicht frosthart und brauchen einen Winterschutz.

*Auf einer Mauer und neben Stufen wachsen Kräuter in der richtigen Schnupperhöhe.*

INFO

### Kräuter, die aus dem Rahmen fallen

Kräuter mit auffälliger Wuchsform oder Farbe und betörendem Duft sorgen für Aufsehen im Beet:

- Dekorativ überhängende Arten sind z. B. Hängerosmarin (*Rosmarinus officinalis* 'Santa Barbara' oder 'Repandus') und Kapuzinerkresse (*Tropaeolum majus*).
- Sehr farbenfroh sind Purpursalbei (*Salvia officinalis* 'Purpurascens') und Goldmelisse (*Melissa officinalis* 'Aurea').
- Besonderen schön duften Schwarznessel (*Perilla frutescens*) und die Weißbunte Duftpelargonie (*Pelargonium fragrans* 'Variegata').

# Alles hat Grenzen

Manchen wüchsigen Kräutern schadet es nicht, wenn sie in ihre Schranken verwiesen werden. Andere benötigen einen windgeschützten Standort. Diese Funktionen erfüllen Einfassungen, zusätzlich sehen sie gut aus und bringen Ihr Beet in Form.

Mit einer Einfassung wird aus Ihrem Kräuterbeet ein wahres Schmuckstück. Sie schafft wohltuende Ordnung, selbst wenn im Beet alles ziemlich bunt durcheinander wächst und grenzt es von anschließenden Wegen und Rasenflächen ab. Klassischerweise umgibt das Kräuterbeet ein grüner Rahmen aus kurz gehaltenen krautigen Pflanzen oder langsam wachsenden Gehölzen wie Buchs. Pro laufendem Meter müssen Sie dabei je nach Größe und Wüchsigkeit 6–8 Pflanzen einsetzen. Man kann auch zu pflegeleichten, dekorativen und witterungsbeständigen Beeteinfassungen aus Metall oder Holz greifen, wenn man sich die Mühe des Formschnittes sparen möchte (→ Seite 19 und 21).

**Blühende Einfassungen**

| Art | Höhe in cm | Blüte |
|---|---|---|
| Hauswurz | 5–12 | rosa, rot |
| *Sempervivum*-Arten | | Juni–Juli |
| Heiligenkraut | 20–30 | gelb |
| *Santolina chamaecyparissus* | | Juli–August |
| Immergrün | 10–15 | blau |
| *Vinca minor* | | April–Mai |
| Mauerpfeffer | 5–12 | gelb |
| *Sedum acre* | | Juni–Juli |
| Steinkraut | 20–40 | gelb |
| *Alyssum saxatile* | | April–Juni |
| Tripmadam | 10–20 | gelb |
| *Sedum reflexum* | | Juli–August |

## GRÜNE GRENZE

Die klassische Einfassungspflanze ist der nur langsam wachsende, immergrüne Buchs (*Buxus sempervirens* 'Suffruticosa') mit kleinen, eiförmigen Blättern. Er benötigt regelmäßigen Formschnitt, den man am besten im Frühsommer durchführt. Durch sein dichtes Blattwerk bietet er besonders guten Schutz vor kalten Winden und sorgt für ein angenehmes Kleinklima. Ebenfalls geeignet ist das Immergrün (*Vinca minor*), das ähnlich langsam wächst, im Gegensatz zum Buchs aber mehr in die Breite. Durch Schnitt der Ausläufer kann es leicht in Form gehalten werden.

## NASCHEN ERLAUBT

Weniger arbeitsaufwändig als eine beschnittene Mini-Hecke und dazu auch noch essbar sind Einfassungen aus Kräutern. Regelmäßiges Ernten hält den grünen Rahmen Ihres Kräuterbeetes in Form. Hierfür eignen sich niedrig bleibende, ausdauernde Arten wie Lavendel, Schnittlauch und Thymian. Auch Tripmadam (*Sedum reflexum*) ist zu empfehlen, ihre nadelförmigen, blaugrünen Blättchen schmecken übrigens gut in Salaten. Sehr dekorativ wirkt eine niedrig bleibende Sorte der Weinraute (*Ruta graveolens* 'Jackman's Blue') mit bläulichen Blättern. Sie würzt in

*Gewürztagetes bildet einen fröhlich blühenden Rahmen um das Kräuterbeet.*

*Ein richtiger »Evergreen« ist Buchs, der auch im Winter noch Farbe bekennt.*

kleinen Mengen Kartoffelsuppe oder Kräuterbutter. Die zweijährige Petersilie ist ebenfalls geeignet, sie sieht als Einfassung aber nur im ersten Jahr gut aus. Für Naschkatzen empfiehlt sich ein Rahmen aus Monatserdbeeren (*Fragaria vesca* var. *semperflorens*), die den ganzen Sommer über unermüdlich kleine rote Früchte mit einfach umwerfendem Aroma bilden.

## BLÜHENDE RAHMEN

Hierfür gibt es sogar einige passende Arten mit essbaren Blütenblättern (→ Seite 50/51), nämlich Gewürztagetes (*Tagetes tenuifolia* 'Lemon Gem' und 'Orange Gem') und Ringelblume (*Calendula officinalis*) in Gelb und Orange. Aus den Reihen der Heilkräuter eignen sich der Frauenmantel (*Alchemilla vulgaris*) und das immergrüne Heiligenkraut (*Santolina chamaecyparissus*) mit silbergrauen Blättern, beide Arten blühen gelb. Oder Sie wählen eine niedrige Sorte des Mutterkrauts (*Tanacetum parthenium* 'White Stars') mit gefüllten weißen Blüten.

## EINFACH UNVERWÜSTLICH

Beeteinfassungen aus witterungsbeständigen Materialien (→ Seite 19 und 21) sind pflegeleicht, sehen gut aus und halten (fast) ewig, kosten dafür aber mehr als Einfassungspflanzen. Im Handel finden Sie solche aus Kunststoff, Eisen, gefärbtem Zement und Keramik. Sie können auch übrig gebliebene Ziegel oder Platten und natürlich selbst gesammelte Steine verwenden. Holz in Form von Brettern oder Rundlingen ist ebenfalls geeignet, es sollte aber imprägniert sein, damit es nicht so schnell verwittert. Hübsch ist auch eine Einfassung aus Flaschen, die mit dem Hals in die Erde gesteckt werden. Im Sonnenlicht leuchtet farbiges Glas besonders schön.

Schmuckkies

Kressefigur

Übertöpfe

Beetschmuck

»Kräuterfrisur«

Etiketten

Beeteinfassung

Pflanzen-Stützen

## Schmuckkies

Wieder voll im Trend ist Schmuckkies in kräftigen Farbtönen, der drinnen wie draußen eingesetzt werden kann. In Pflanzkübeln umrahmt er die Stämme hoch wachsender Arten wie Lorbeer. Besonders dekorativ sieht Kies unter Kugelbäumchen, z. B. Rosmarinhochstämmchen, aus. Im Garten können Sie auch ornamentale Beete mit Schmuckkies gestalten. Hier wechseln Kräuterinseln oder in Form geschnittener Buchs mit Arealen aus farbigem oder weißem Kies und einer formalen und strengen Wirkung. Man kann auch mit mehreren Farben arbeiten.

## Übertöpfe

Farbe ins Kräutergrün bringen attraktive Übertöpfe. Glasierte Keramikgefäße gibt es in großer Auswahl mit verschiedensten Bemalungen oder auch Beschriftungen wie den passenden Kräuternamen. Verzinkte Metalltöpfe wirken nostalgisch, und Kunststofftöpfe gibt es mit Motiven in allen erdenklichen Farben. Welches Design Sie auch wählen, kontrollieren Sie unbedingt regelmäßig, ob in den Übertöpfen noch Wasser vom letzten Gießen steht. Wenn Ja, leeren Sie es aus, damit die Wurzeln Ihrer Kräuter nicht vor Nässe zu faulen beginnen.

# Die Top 8 der sch

## Kressefigur

Das ganze Jahr über lässt sich Kresse heranziehen. Wenn Sie nicht einfach nur eine flache Schale dafür verwenden möchten, können Sie auch auf einer der dekorativen Tonfiguren Kresse züchten. Es gibt sie in vielen Ausführungen zu kaufen. Da Kresse zum Keimen und Wachsen nicht einmal Erde braucht, genügt es, die Figur mit feuchter Watte oder feuchtem Filterpapier auszulegen. Kressesamen wird darauf innerhalb von 2–3 Tagen keimen, und schon können Sie die aromatischen Keimlinge für viele Gerichte verwenden.

## Beetschmuck

Bei Kräutern dominiert die Farbe Grün, deshalb kommen dazwischen schmückende Accessoires in schillernden Tönen gut zur Geltung. Wählen Sie nicht zu große Ausführungen, denn die meisten Kräuter bleiben niedrig. Vielfältig ist das Angebot von Gartenkugeln aus Glas oder glasierter Keramik. Beliebt sind auch tönerne Zapfen oder Gestalten in Tierform, die auf Stäbe gesteckt werden können. Dazu gibt es noch allerlei preiswerte und bunte Accessoires aus Kunststoff oder Metall. Figuren aus Holz haben meist nur eine kurze Lebensdauer.

## »Kräuterfrisur«

Hier geht es um »Hohlköpfe« mit würzigem Inhalt: Ton- oder Terrakottatöpfe mit Gesichtern in klassischer oder moderner Ausführung können mit Kräutern bepflanzt werden, die sich oft zu wahren Wuschelköpfen auswachsen. Romantisch verspielt wirken Thymian-Frisuren auf antiken Köpfen. Freche Schnittlauch-Tollen passen auch zu abstrakten Gesichtern. Solche Köpfe lohnen ihren hohen Preis, weil man lange etwas davon hat. Kostengünstiger ist es, wenn Sie einfach mit wetterfester Farbe ein Gesicht auf einen klassischen Tontopf malen.

## Beeteinfassung

Eine Einfassung grenzt ab und bringt das Beet in Form, selbst wenn die Kräuter darin ungeordnet nebeneinander wachsen. Preiswert, aber nicht sehr dekorativ sind Rahmen aus Kunststoff. Weitaus stilvoller und sehr antik wirken aneinander gereihte Eisenelemente, die nach historischen Vorbildern gefertigt werden. Aus England kommen besonders edle frostbeständige Einfassungen aus gefärbtem und patiniertem Zement. Diese Accessoires sind zwar nicht billig, aber unverwüstlich und können immer wieder verwendet werden.

# nsten Accessoires

## Etiketten

Stecketiketten sind ausgesprochen nützlich, vor allem, wenn Sie eine größere Anzahl von Kräutern ziehen. Aus Holz sehen sie sehr natürlich aus, halten aber meist nur einen Sommer. Exemplare aus Kunststoff sind etwas langlebiger, werden jedoch im Sonnenlicht spröde und brechen dann. Eine Anschaffung fürs Leben sind Alu-Etiketten, die sich mit weichem Bleistift beschriften lassen. Dekorativ und antik wirken Halterungen aus Metall, in die die Samentüten gesteckt werden können. Außerdem gibt es hübsche nostalgische Porzellan-Schilder.

## Pflanzen-Stützen

Auch Kräuter sind manchmal anlehnungsbedürftig: So können z. B. Dill, Estragon, Salbei und Zitronenverbene recht hoch werden und nicht nur bei heftigen Stürmen dankbar sein, wenn ihnen eine Stütze den nötigen Halt gibt. Im Handel finden Sie praktische halbmond- oder ringförmige Stützen aus verzinktem Stahl mit grünem Kunststoffüberzug. Sie sind unauffällig und unverwüstlich. Dekorativer sind Stützen aus Eisen, lackiert oder im Edelrost-Look. Natürlich wirken Pyramiden aus Weidenruten, die aber nicht so haltbar sind.

Metallkasten

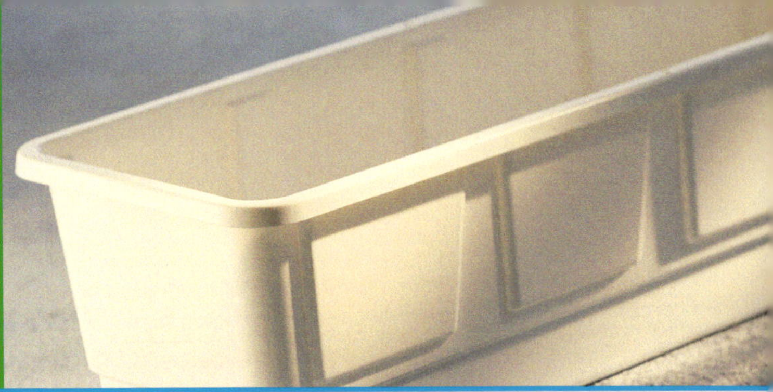

Kunststoffkasten

Basics

# Geeignete Gefäße

**Für Kräuter auf Balkon und Terrasse sind geschmackvolle und praktische Gefäße das »Tüpfelchen auf dem i«. Sie steigern die optische Wirkung der einzelnen Pflanzen und bringen etwas mehr Farbe in die vorwiegend grünen Arrangements.**

Es gibt mittlerweile eine große Auswahl an Töpfen, Kübeln und Kästen in den unterschiedlichsten Ausführungen und Preisklassen. Hier können Sie alles passend zum Stil Ihrer Wohnung, des Balkons oder des Gartens aussuchen. Wählen Sie die Gefäße immer ausreichend groß, damit sich die Wurzelballen der Kräuter gut entwickeln können. Höher wachsende Arten wie der Lorbeer brauchen schwerere Kübel, damit sie von Windböen nicht gleich umgeworfen werden. Allgemein gilt, dass unglasierte Gefäße aus porösem Ton selbst Wasser aufnehmen und wieder verdunsten. Das schafft ein für die Kräuter angenehmes Kleinklima und verhindert, dass sie zu lange »nasse Füße« haben. Andererseits müssen Pflanzen in Tontöpfen häufiger gegossen werden als solche, die in wasserundurchlässigen Gefäßen (aus Kunststoff, Metall, glasierter Keramik und hart gebrannter Terrakotta) gezogen werden.

Für welches Material Sie sich entscheiden, bleibt ganz Ihrem Geschmack überlassen. Wichtig ist aber in jedem Fall, dass Wasserabzugslöcher im Boden sind, damit überflüssiges Wasser abfließen kann und die Wurzeln der Pflanzen nicht faulen. Gefäße ohne Öffnungen im Boden können Sie nur als Übertöpfe verwenden. Große, schwere Gefäße sollten Sie außerdem nicht direkt auf die Erde stellen, sondern auf kleine Steinplatten, damit das Wasser gut abfließen kann. Oder Sie kaufen im Fachhandel spezielle, für große Terrakottakübel entwickelte »Füße«.

## TONTÖPFE

Unglasierte glatte Standardtöpfe aus Ton sind die Klassiker für alle nicht zu groß werdenden Kräuter. Da sie maschinell gefertigt werden, bekommt man sie relativ preiswert. Ihre Poren saugen sich voll Wasser, die Gefäße verdunsten daher mehr und sind

Glasierter Terrakottatopf

Klassische Tontöpfe

auch nicht frostfest. Im Laufe der Zeit bilden sich die bei Nostalgikern begehrten »Ausblühungen« auf der Oberfläche. Wer diese Patina nicht mag, kann sie aber durch kräftiges Schrubben beseitigen. Ton wirkt unprätentiös natürlich und passt sehr gut in ländliches Flair und zum rustikalen Landhausstil.

## TERRAKOTTAKÜBEL

Terrakotta wird bei höheren Temperaturen gebrannt. Gute Qualitäten werden dabei so hart, dass sie fast kein Wasser mehr aufnehmen und deswegen sehr frostfest sind. Billigere Qualitäten können aber bei Frost durchaus bersten. Erkundigen Sie sich beim Kauf nach der Frosthärte, wenn Sie die Gefäße draußen stehen lassen wollen. Terrakotta gibt es unglasiert und glatt, mit verschiedensten aufgesetzten Reliefs oder Gravuren, teilweise auch glasiert und oft noch aufwändig bemalt. Glasierte Oberflächen altern kaum und sind leicht zu reinigen. Aus dem großen Angebot können Sie ganz nach Geschmack und Geldbeutel wählen, denn handgearbeitete Terrakotta ist nicht ganz billig. Übrigens: Wenn Sie sehr schwere Kübel wie den Erdbeertopf (→ Seite 27) auf den Balkon stellen möchten, vergewissern Sie sich zuvor, ob die Konstruktion ausreichend tragfähig ist. Für den Transport gibt es spezielle Tragegurte oder rollende Untersetzer. Manche Standorte können Sie vielleicht auch mit einer Sackkarre erreichen. Echte Terrakottatöpfe betonen die südliche Atmosphäre mit mediterranen Kräutern, Zitrusgewächsen und exotischen Kübelpflanzen auf der Terrasse.

## METALLGEFÄSSE

Sie passen sehr gut in ein modernes, sachliches Ambiente, sind leicht und altern praktisch kaum. Preiswert angeboten werden verzinkte Ausführungen, mit trendiger Schwarz-Mattierung kosten sie etwas mehr. Edel, aber teuer sind Aluminiumgefäße mit Bleifinish, die oft nach alten Vorbildern gestaltet werden.

## KUNSTSTOFFGEFÄSSE

Aus verschiedenartigem Plastik gibt es vom schlichten Standardtopf über den Balkonkasten bis hin zu täuschend echten Terrakottaimitaten ein breites Angebot. Diese Gefäße sind robust und altern kaum, hochwertige Kunststofftöpfe sind sogar frostfest. Wegen ihres geringen Gewichts werden sie besonders gerne auf Balkon und Terrasse eingesetzt. Andererseits sollte man darauf achten, dass die Gefäße bei Wind oder einfach durch das zunehmende Gewicht der Pflanzen nicht umkippen können – also immer alles gut befestigen!

## HOLZ UND FLECHTWERK

Beide Materialien heben den natürlichen Charme eines Bauerngartens schön hervor und harmonieren gut mit Kräutern. Eine Kiste oder einen Korb kleiden Sie am besten mit Folie aus und stechen Wasserabzugslöcher hinein, bevor Sie sie mit Kräutern bepflanzen. Im Handel gibt es eine große Auswahl an Gefäßen aus diesen Materialien. Im Laufe der Jahre verwittern sie jedoch und müssen nach einiger Zeit ersetzt werden.

# Mediterranes Flair mit Kräutern

Das herb-würzige Aroma sonnenverwöhnter Kräuter aus dem Mittelmeerraum kann man sich ganz leicht auch auf die heimische Terrasse holen. Mit einer üppig blühenden Topfparade kommt das richtige Sommerfeeling wie von selbst.

Basilikum, Bohnenkraut, Lavendel, Lorbeer, Majoran, Oregano, Rauke (Rucola), Rosmarin, Salbei und Thymian (→ Seite 34/35) heißen die würzigen Gäste aus dem Süden. Je wärmer es ist, desto mehr blühen sie auf: In windgeschützten, sonnigen Ecken auf Balkonen und Terrassen, wo sich mittags die Hitze staut, fühlen sie sich so richtig wohl.

## SÜDLICHE TERRASSEN

Mit aromatischen Düften und verlockenden Früchten präsentieren sich mediterrane Kübelpflanzen auf der Terrasse. Zitruspflanzen, Bergfeigen, Granatapfel und Olivenbäumchen sind wunderbare Begleiter für Kräuter. Perfekt machen das Arrangement passende Töpfe in den typischen Farben und Dekors des Mittelmeerraums. Für die entsprechende Blütenfülle sorgen z.B. Bougainvillea, Hibiskus, Oleander, Wandelröschen oder Zistrosen. Stellen Sie einfach noch ein paar Palmen dazu – schon ist das Ambiente etwas exotischer. Kleinwüchsige Arten wie Dattelpalme oder Zwergpalme sind dafür bestens geeignet. Alle diese Kübelpflanzen sollten an einem hellen, kühlen Platz überwintert werden (→ Seite 86/87). Auch Gemüsepflanzen lassen sich prima an einer geschützten, die Sonnenwärme speichernden Hauswand im Topf kultivieren. Neben den Klassikern Tomate und Paprika gehören dazu Auberginen und Zucchini. Ein Geheimtipp ist der Toskanische Palmkohl (*Brassica oleracea* 'Nero di Toscana'), den man wie Zierkohl problemlos im Topf halten kann.

## MITTELMEER-BALKON

Mediterrane Kräuter harmonieren sehr gut mit vielen klassischen Balkonpflanzen, die ja ebenfalls aus dem Süden kommen: Kräutergrün und das kräftige Rot von Pelargonien machen Ihren Balkon im wahrsten Sinne des Wortes zu einem Highlight. In südlichen Ländern sind längliche Balkonkästen nicht sehr verbreitet. Für eine mediterrane Balkongestaltung gruppiert man bepflanzte Töpfe in verschiedenen Größen einfach zu einem Arrangement, stellt sie auf Mauervorsprünge und Brüstungen oder hängt sie in speziellen Vorrichtungen einzeln an der Wand auf (→ Seite 28/29). Schön macht sich dazu die Vanilleblume mit blauvioletten Blütendolden, die noch dazu betörend nach Vanille duftet. Gut geeignet für eine Unterpflanzung mit Kräutern sind Hochstämmchen von so farbenfrohen Arten wie Wandelröschen oder Bougainvillea.

## »SONNIGE« ACCESSOIRES

Für das mediterrane Flair unverzichtbar sind Gefäße aus Terrakotta, die es mit glatten Oberflächen oder auch typischem Dekor gibt (→ Seite 22/23). Antik wirken die klassischen Amphoren, die man sowohl bepflanzt als auch leer dazulegen kann. Dazu gibt es eine große Auswahl von glasierten Pflanzgefäßen, z. B. mit Zitronenmotiven. Ergänzt wird das Ganze durch Terrassenmöbel in toskanischem oder provencalischem Stil, Terrakottafiguren, Windlichter, Mosaiken und passendes Geschirr.

*Ein paar mediterrane Kräuter und typisch südländische Accessoires sorgen im Handumdrehen für Urlaubsambiente.*

# Würzige Terrassen

Wenn Sie Ihre Kräuter möglichst nahe bei der Küche ziehen, ersparen Sie sich weite Wege zur Ernte. Was liegt also näher, als auf der Terrasse eine Ecke für die aromatischen Pflanzen zu reservieren, die in puncto Attraktivität den Zierpflanzen in nichts nachstehen?

*Gestiefelt und gespornt ist dieses Kräuterpärchen auf der Terrasse unzertrennlich.*

Terrassen sind wie geschaffen für eine Galerie aus Kräutertöpfen. Dort sind sie jederzeit zur Hand und lassen sich je nach Platzbedarf verschieben oder auch mal dekorativ in Positur setzen. Wenn die Sammelleidenschaft allmählich überhand nimmt, können Sie einfach ein paar Tricks anwenden, um möglichst viele Kräuter unterzubringen.

## HOCHSTAPELN ERLAUBT

Etageren werden die praktischen und hübschen »Pflanzentreppen« aus Metall genannt, die von England aus den Kontinent erobern. Darauf bringt man in mehreren Reihen viele Kräutertöpfe unter. Es gibt schlichte, moderne und antik verspielte Ausführungen in den verschiedensten Farben. Einige Modelle passen genau in eine Ecke, um bisher vernachlässigte Winkel optimal zu nutzen. Je nach Größe haben pro Etage etwa 3–7 Töpfe Platz.

Ebenso attraktive Konkurrenz bekommen die Etageren aus Frankreich: Jardinieren heißen sie und sind eigentlich filigrane »Regale« für draußen, ebenfalls aus wetterfestem Metall. Auch hier finden die Pflanzen auf mehreren Etagen übereinander Platz.

Wenn Sie nur ein paar Kräuter auf der Terrasse unterbringen wollen, können Sie auch ein schmales obeliskenförmiges Eisenregal mit je nach Größe 3–5 eingelegten Mosaikböden verwenden. Hier findet endlich alles einen Platz, was im Lauf der Jahre an Gefäßen liebevoll zusammengetragen wurde: individuelle Tontöpfe mit unterschiedlichsten Formen, Ton-Ornamenten, Bemalung oder hübscher Glasur. Im »Obergeschoß« einer Etagere oder Jardiniere kommen bei guter Standfestigkeit auch besonders große Exemplare noch unter. Kegel- oder urnenförmige Gefäße an der Spitze geben dem Arrangement den letzten Schliff!

## AROMA NACH PLAN

Schön aufgeräumt und dazu noch an einem geschützten Platz ist eine Kräutertopfparade direkt an der Hauswand oder entlang einer Mauer. Besonders abwechslungsreich wird Ihr Arrangement, wenn Sie Gefäße in verschiedenen Größen und unterschiedlichen, schön miteinander harmonierenden Farben und Mustern wählen. Sie können damit eine »Aromawelle« bilden, wenn Sie das größte Gefäß ins Zentrum stellen und links und rechts davon jeweils kleiner werdende Töpfe aufreihen.

Auch eine Etagere oder Jardiniere kann man als Mittelpunkt der wellenförmigen Topfparade einbauen. Aber selbst eine schöne alte Holzkiste eignet sich als zentrales »Regal«, wenn Sie sie mit dem Boden zur Wand aufstellen. In die Öffnung der Kiste können Sie ein bis zwei kleinere Töpfe stellen, obenauf hat auch eine höher wachsende Pflanze Platz. Wie wäre es z. B. mit Tomate oben und Basilikum unten? Da fehlt dann eigentlich nur noch der Mozzarella für den beliebten »Caprese-Salat«.

Achten Sie aber immer darauf, dass die Gefäße nicht kippen können. Vor allem hoch wachsende Arten laufen Gefahr, irgendwann das Übergewicht zu bekommen. Um das zu verhindern, können Sie z. B. ein paar Steine als Beschwerung in den Topf legen oder ihn festbinden.

*Mit einer Pflanzetagere bringen Sie wenig Platz und viele Kräuter unter einen Hut.*

TIPP

### Würziges im Taschenformat

Platz sparend und praktisch ist ein »Erdbeertopf«, eine Taschenamphore aus Terrakotta, die oben eine große und an den Seiten mehrere kleine Öffnungen aufweist, in die Pflanzen gesetzt werden. Es steht nirgends geschrieben, dass das nur Erdbeeren sein dürfen, auch in würziger Variante ist die Bepflanzung eine Augenweide! Hohe Kräuter wie Estragon, Rosmarin oder Salbei kommen oben hinein, kleinere oder überhängend wachsende wie Majoran, Petersilie, Schnittlauch und Thymian in die seitlichen Löcher. Wenn nötig, müssen Sie vor dem Einpflanzen die Wurzelballen der Kräuter lockern, damit sie in die Öffnungen passen.

# Highlights auf Balkonien

Das Klima auf den meisten Balkonen ist warm, luftig und bietet somit ideale Bedingungen um Kräuter zu ziehen – wie geschaffen also für Kräuterfans, die keinen Garten haben.

INFO

## Balkonkästen sicher anbringen

➤ Bevor Sie Balkonkästen aufhängen, überprüfen Sie, ob das Geländer auch wirklich stabil genug für eine solche Belastung ist. Bei der Befestigung sollten Sie besser nicht improvisieren, sondern auf im Handel erhältliche bewährte Halterungen aus Metall zurückgreifen. Dort finden Sie zwei Systeme:

➤ Eckhalterungen, mit denen Balkonkästen auf der Brüstung stehend festgeschraubt werden.

➤ Einhängehalterungen, mit denen Balkonkästen innen oder außen am Geländer aufgehängt werden. Sie haben oben oft auch waagerecht über den Kasten reichende Metallnasen, die verhindern, dass der Kasten z.B. bei einer Windböe kippt.

➤ Beide Systeme sind mehrfach verstellbar und passen deshalb zu den verschiedensten Kastengrößen, Geländer- und Brüstungsstärken.

Auf dem Balkon ist Platz Mangelware. Hier gilt es so wie auf der Terrasse (→ Seite 26/27), die Vertikale mit einzubeziehen und möglichst jeden freien Winkel zu nutzen. Gefäße mit passenden Halterungen für das Geländer gibt es in jeder erdenklichen Form zu kaufen und sogar dreiseitige Töpfe, die prima in jede Ecke passen. Auf einem zugigen Balkon sollten Sie für die Wärme liebenden Arten einen möglichst geschützten Platz suchen oder einen Windschutz anbringen (z.B. Schilfmatten oder Segeltuch). Denken Sie daran, dass Topfpflanzen nur wenig Platz haben, um sich zu entfalten, und besondere Pflegeansprüche im Hinblick auf Substrat, Dünger und die Wasserversorgung stellen (→ Seite 70/71 und 80/81). Achten Sie auch immer auf die richtigen Standortbedingungen für die einzelnen Arten (→ Seite 34/35 und Seite 36/37).

## AM LAUFENDEN METER

Beliebt sind Balkonkästen aus Kunststoff, weil sie am wenigsten wiegen. Außerdem gibt es Modelle mit praktischem Wasserreservoir (→ Seite 79), die Ihnen viel Gießarbeit abnehmen. Gerade für Kräuter gibt es auch etwas kürzere Kästen aus Ton oder verzinkte »Dachrinnen«, für etwa 3–5 Pflanzen. Basilikum, Petersilie und Schnittlauch passen gut zusammen. Oder kombinieren Sie die würzigen Arten mit klassischen Balkonblumen, z.B. Geranien und Petunien, die etwas mehr Farbe ins Spiel bringen. Für zusätzliche Düfte sorgen Pflanzen wie Harfenstrauch (*Plectranthus coleoides*), Sommernelken (*Dianthus-Chinensis*-Hybriden) und Verbenen (*Verbena*-Hybri-

*Logenplatz im Sonnenlicht: Kräuter fühlen sich am Balkongeländer ausgesprochen wohl.*

den). Als Fan von Balkongemüse können Sie Paprika, Pflücksalat und Tomaten neben Kräutern im Kasten ziehen. Wichtig ist in jedem Fall eine absolut sichere Befestigung. Spezielle Halterungen gibt es passend für jedes Modell im Fachhandel (→ INFO).

## HÄNGENDE GÄRTEN

Es müssen nicht immer Kästen sein: Auch einzelne Töpfe sehen am Balkongeländer sehr gut aus. Um sie sicher zu befestigen, gibt es spezielle Einzeltopfhalterungen, die man am Balkongeländer einhängen kann. Wählen Sie die Halterung aber groß genug, damit unten auch noch ein Untersetzer Platz hat, der verhindert, dass beim Gießen ständig Wasser vom Balkon tropft. Selbst für die Ecken der Brüstung gibt es Halterungen mit passenden Gefäßen. Besonders gut gedeihen in kleineren Töpfen ein- und zweijährige Kräuter wie Basilikum und Petersilie. Auch Schnittlauch braucht nicht viel Platz.

Nicht nur an der Brüstung, sondern auch an der Decke können Sie mit Kräutern bepflanzte Ampeln und Baskets aufhängen. »Down under Pots« sind amphorenartige Tongefäße mit zwei Öffnungen und einer Kokosmatte im Innern, die mit Erde gefüllt und bepflanzt werden. Wenn nach etwa drei Wochen neu gebildete Wurzeln in das Kokosvlies hineingewachsen sind, kann man das Gefäß umgedreht aufhängen und ganz normal gießen. Die Pflanzen wachsen dann über den äußeren Topfrand nach oben. Sie eignen sich z.B. gut für Pelargonien oder Melisse.

## ECKEN UND WINKEL

Auch auf dem Balkon gibt es wie auf der Terrasse den einen oder anderen Winkel, der noch mit Kräutern bestückt werden kann. Überprüfen Sie aber die Tragfähigkeit Ihres Balkons, bevor Sie dort große Gefäße auf den Boden stellen. Vielleicht hat sogar eine kleine Etagere (→ Seite 26/27) mit Kräutern Platz in einer Ecke? Sie können natürlich auch hübsche Gefäße mit Kräutern und Kübelpflanzen an Wandhalterungen aufhängen. Für warme Plätze eignen sich besonders mediterrane Arten wie Rosmarin und Salbei (→ Seite 24/25). Im Halbschatten und Schatten passen Fuchsien und Buchs gut zu Sauerampfer und Kresse.

# Kräuter mit Ausblick

Besonders das Küchenfenster bietet sich an, um Ihre Lieblingskräuter zu ziehen – so können Sie mit wenigen Schritten immer frische, aromatische Blätter und Zweige ernten.

*Immer griffbereit stehen Kräuter an einem sonnigen Fensterplatz Spalier.*

Wer keinen Garten hat, muss deshalb nicht gleich auf frisches Kräuteraroma aus eigener Zucht verzichten: Er kann das ganze Jahr über würzige Pflanzen im Haus auf der Fensterbank ziehen. Gerade im Winter, wenn draußen kaum noch etwas gedeiht, ist ein warmes Plätzchen in der Wohnung vor einem hellen Fenster fast die einzige Möglichkeit, frische Kräuter zu kultivieren. Im Gartencenter sind Küchenkräuter im Topf ganzjährig in recht großer Auswahl erhältlich, sodass Sie immer für Nachschub sorgen können.

## AROMATISCHE »FENSTERGUCKER«

Die Form des Fensterbrettes ist für eine Topfparade oder längliche Schalen, die mit mehreren Kräutern bepflanzt werden können, wie geschaffen. Im Handel finden Sie eine große Auswahl an Gefäßen für jeden Geschmack: aus Ton, glasierter Keramik, verzinktem Metall im »Dachrinnenlook« oder aus Weiden. Wenn Sie sich für einen Weidenkorb entscheiden, sollten Sie ihn vor dem Bepflanzen mit wasserundurchlässiger Folie auslegen, um zu verhindern, dass nach dem Gießen eine erdige Brühe über Fensterbrett und Wand läuft. Meist werden drei Kräuter in das Gefäß passen. Sie können z. B. Basilikum, Petersilie und Schnittlauch wählen. Oder Sie nehmen von Ihrem Favoriten zwei Pflanzen und eine weitere, ebenfalls oft verwendete Art dazu. Wichtig ist nur, dass die Kräuter ähnliche Standortansprüche haben (→ Seite 34/35 und Seite 36/37) und ausreichend Licht bekommen.

Wenn Sie ein richtiger Kräuterfan sind, reichen Ihnen die wenigen Arten vielleicht nicht. Dann wäre ein Regal mit 2–4 Etagen, in denen Basilikum, Estragon, Lorbeer, Majoran, Petersilie, Salbei, Schnittlauch und Duftpelargonien Platz finden können, eher das Richtige für Sie. Solche Regale gibt es aus Metall, Holz oder Kunststoff im Fachhandel. Achten Sie darauf, dass Sie das Fenster dann auch weit genug öffnen können.

## EINFACH MAL ABHÄNGEN

Blumenampeln werden in verschiedenen Größen und Materialien angeboten und sollten stabil mit einem kräftigen Haken und passendem Dübel an der Decke nahe am Fenster befestigt werden. Im Fachhandel gibt es übrigens auch so genannte Pumpkannen speziell für das Gießen von Ampeln. Diese Gießgefäße haben eine Handpumpe, mit der Sie das Wasser über ein Rohr nach oben befördern können. Das erspart Ihnen nicht ganz ungefährliche »Turnübungen« auf dem Stuhl. Neben Thymian wird sich auch Hängerosmarin in Ampeln wohl fühlen, und die rankenden Triebe von Kapuzinerkresse kommen dort ebenfalls gut zur Geltung.

## ACHTUNG, FRISCHLUFTFANATIKER

Kräuter, die noch viel Wildpflanzen-Charakter haben wie Pfefferminze, Sauerampfer und Waldmeister gedeihen im Zimmer nicht besonders gut. Sie können sie aber dennoch am Fensterbrett ziehen – nämlich draußen vor dem Fenster! Passen Sie aber auf, dass Ihr Kräutergarten bei starkem Wind niemandem auf den Kopf fällt. Passende Haltevorrichtungen (→ Seite 28/29) für Kästen oder auch für Töpfe kann man einfach am Fensterrahmen montieren.

*Aus Ampeln wachsen Ihnen die würzigen Zweige fast in den Mund.*

# PFLANZEN FÜR DEN KRÄUTERGARTEN

Zum Glück ist für jeden **Geschmack** mehr als nur ein Kraut gewachsen. Auf Sonnen- und Schattenseiten ist alles vertreten: **Würzige Vielfalt** entfaltet sich mit Kräuter-Klassikern, Herbes de Provence, essbaren Blüten und Kräutern mit Zitrusaroma. Alles, was Rang und Namen hat im Kräuterreich, tritt an – sogar als **hübscher Begleiter** im Blumenbeet.

# Sonnige Gemüter

Überall dort, wo die Sonne ihre volle Kraft entfalten kann, fühlen sich Wärme liebende Kräuter besonders wohl. Auf sonnenverwöhnten Balkonen, Terrassen und exponierten Plätzen im Garten setzen sie sich gern ins rechte Licht.

Damit Kräuter gut gedeihen und ihr typisches Aroma voll entwickeln können, brauchen sie einen Standort, der ihren Ansprüchen entspricht. Die wichtigsten Aspekte sind dabei Sonnenlicht, Wärme, Feuchtigkeit im Boden und die verfügbaren Nährstoffe. Wie alle Pflanzen bevorzugen sie Bedingungen, wie sie an ihrem natürlichen Standort vorherrschen. Wenn man also weiß, woher ein Kraut ursprünglich stammt, kann man in der Regel ganz gut einschätzen, wo es am besten gedeihen wird. Sonnenanbeter aus südlichen Ländern sind z. B. wesentlich anspruchsloser im Hinblick auf die Wasser- und Nährstoffversorgung als die in Mitteleuropa heimischen Arten.

**Robuste Sonnenanbeter**

| Art | Höhe Lebensform | Standort |
|---|---|---|
| Estragon *Artemisia dracunculus* | bis 100 cm mehrjährig | sonnig, nährstoffreich nicht zu trocken |
| Lavendel *Lavandula angustifolia* | 30–60 cm mehrjährig | sonnig, trocken kalkhaltiger Boden |
| Oregano *Origanum vulgare* | 15–50 cm mehrjährig | sonnig, trocken kalkhaltiger Boden |
| Portulak *Portulaca oleracea* | 15–20 cm einjährig | sonnig, trocken nicht zu nährstoffreich |
| Salbei *Salvia officinalis* | 30–60 cm mehrjährig | sonnig, trocken kalkhaltiger Boden |
| Thymian *Thymus vulgaris* | 10–30 cm mehrjährig | sonnig, trocken kalkhaltiger Boden |

## SONNE PUR FÜR DAS VERWÖHNAROMA

Wärme liebende Kräuter stammen meist aus dem Mittelmeerraum. Diese trockenheitsverträglichen Arten erkennen Sie oft schon an ihrem Aussehen: Sie haben kleine, schmale und harte Blätter, die möglichst wenig Wasser verdunsten. Oft sind diese zum Schutz vor Verdunstung auch noch fein behaart, sie sehen dann graugrün bis silbrig aus. Damit sie ihr volles Aroma entwickeln, brauchen sie viel Wärme und etwa sieben Stunden Sonne pro Tag. Durch den wirksamen Verdunstungsschutz können sie auch lange Trockenperioden gut überdauern. Die meisten Arten wachsen auf mageren, trockenen Böden. Wenn Sie diese Kräuter in sehr humusreiche, feuchte Erde pflanzen, empfiehlt es sich, vorher etwas Sand oder Kies unterzumischen. Bestens geeignet für sonnige, trockene und magere Standorte sind Südländer wie Lavendel, Majoran, Oregano, Rosmarin, Salbei, Thymian und Zitronenverbene. Auch Tripmadam (→ Seite 16/17) gedeiht dort gut. Im Kübel auf der Terrasse kann man all diese Arten sehr schön mit mediterranen Zierpflanzen wie Feigen, Granatapfel oder auch Zitruspflanzen kombinieren (→ Seite 24/25).

*Zwischen Wärme speichernden Steinen gedeihen mediterrane Kräuter besonders gut.*

## KRÄUTER IM SCHLARAFFENLAND

Anspruchsvollere Arten erkennen Sie an größeren, zarteren und weicheren Blättern, deren Oberfläche nicht so gut vor Verdunstung geschützt ist. Viele dieser Kräuter sind in unseren Breiten heimisch. Sie gedeihen gut in voller Sonne, lassen aber bei starker Trockenheit schnell die Köpfe hängen und geben sich mit allzu mageren Böden nicht zufrieden. Einige Arten können auch im Halbschatten gezogen werden (→ Seite 36/37), dort wachsen sie aber nicht ganz so üppig. Sandreichen, humusarmen Boden sollte man vor der Pflanzung dieser Arten mit Kompost oder organischem Dünger verbessern. Bei anhaltender Trockenheit sind sie dankbar für regelmäßiges Gießen (→ Seite 80/81). Zu dieser Kräuter-Gruppe gehören Basilikum, Bohnenkraut, Dill, Duftpelargonien, Estragon, Gartenkresse, Koriander, Lorbeer, Parakresse, Petersilie, Pfefferminze, Schnittlauch und Zitronenmelisse. Auch einjährige Salatkräuter wie Borretsch (*Borago officinalis*, blauviolette Blüten) und Portulak (*Portulaca oleracea*, gelbgrüne Blüten) sowie der ausdauernde Ysop (*Hyssopus officinalis*, blaue Blüten) gehören hierher, ebenso wie die Weinraute (→ Seite 16/17).

## SONNE-SCHATTEN-MIX

Auffallend schöne, panaschierte Sorten mit weiß- oder gelbbunten Blättern gibt es von Duftpelargonie, Pfefferminze, Salbei, Thymian, Weinraute und Zitronenmelisse (→ Seite 11 und 15). Sie behalten die vorteilhafte Färbung am besten an einem wechselsonnigen Platz, wo sie auch einige Stunden Schatten haben. Bei zu praller Sonne können ihre Blattränder braun werden und intensive Farben ausbleichen. Bei zu viel Schatten wiederum vergrünen sie. Das heißt, sie lagern wieder mehr Blattgrün in ihre Blätter ein, um auch bei wenig Licht in ihrem Stoffwechsel noch genügend Energie herstellen zu können.

# Würzige Schattengestalten

An Plätzen, an die sich die Sonne nur selten verirrt, und im Schutz von Büschen und Bäumen führen manche Kräuter ein unauffälliges Schattendasein. Dabei ist schon ihr kräftig-aromatischer Geschmack eigentlich Grund genug, sie ins Rampenlicht zu rücken.

Haben Sie den Kräutern kaum Sonnenplätze anzubieten? Kein Problem, denn es gibt etliche Spezialisten, die auch im Schatten gut gedeihen. Sie schätzen humus- und nährstoffreiche Standorte mit gleich bleibend guter Wasserversorgung.
Wenn Sie trotzdem den einen oder anderen Sonnenanbeter gerne frisch zur Hand haben möchten, kaufen Sie einfach kräftige, vorgezogene Pflanzen im Topf und stellen sie an den hellsten Platz, den Sie drinnen oder draußen zur Verfügung haben. Die Pflanzen werden auch ohne direkte Sonne einige Wochen überdauern. In dieser Zeit können Sie immer frische Kräuter ernten, sie aufbrauchen und sich wieder mit neuen Kräutern eindecken.

## KÜNSTLER IM SCHATTEN

Wildkräuter, die es schon von Natur aus lieber schattig-feucht mögen, sind ideale Untermieter von Sträuchern und Bäumen im Garten. Bärlauch (*Allium ursinum*, → Seite 43) ist eigentlich in frischen Buchenwäldern und Auen heimisch. Als Frühjahrsblüher nutzt er die Zeit, bevor die Bäume ihr dichtes Blätterdach entfalten, um den Waldboden in einen weißen Blütenteppich zu verwandeln. Seine zwiebelige Herkunft ist unverkennbar, denn der an Knoblauch erinnernde Duft erfüllt die ganze Umgebung. Im Garten lässt er sich problemlos unter Sträuchern ziehen. Jedes Jahr breitet er sich über Tochterzwiebeln weiter aus und nimmt nach ein paar Jahren eine größere Fläche in Anspruch. Typische Waldpflanzen wie Frauenfarn und Akelei schränken seinen Ausbreitungsdrang etwas ein und schaffen zugleich eine verwunschene Gartenatmosphäre. Von ähnlichem Geschmack sind die Blätter der Knoblauchsrauke (*Alliaria petiolata*), die man zu Salaten, Saucen, Pesto und würziger Kräuterbutter verarbeiten kann.
Zu den Schattenkünstlern gehört auch der Kleine Sauerampfer (*Rumex acetosella*), der als niedriger Bodendecker wächst und gut mit den Blattrosetten der Pimpinelle (*Sanguisorba minor*) harmoniert. Klein geschnitten verleihen ihre jungen Blätter Salaten und Kräuterbutter einen bitter-würzigen Geschmack. Ab Mai erscheinen ihre rundlichen, rötlichen Blütenköpfchen.
Wer einen Gartenteich sein eigen nennt, kann auch im flachen Wasser der Uferzone Kräuter ernten. Richtig nass nämlich mag es die Brunnenkresse (*Nasturtium officinale*), die in der Natur am Ufer kleiner, sauberer Fließgewässer flache, grüne Teppiche bildet. Ihre Verwandtschaft mit den Senfpflanzen zeigt sich im bitterscharfen Geschmack der Blätter. Sie werden für pikante Salate und Saucen verwendet. Wer kein Gewässer im Garten hat, kann sie trotzdem kultivieren. Am besten geeignet sind flache, wasserdichte Schalen, in denen immer ca. 1 cm Wasser über der Erde stehen sollte.
Zwei schattenverträgliche exotische Trend-Kräuter erobern gerade unsere Küchen: Vietnamesischer Blattkoriander (*Polygonum odoratum*) verleiht Wok-Gerichten eine pfeffrige Note und übersteht mit etwas Schutz den Winter im Beet.

Als besonders robust kann man den zweijährigen Sibirischen Winterportulak (*Montia sibirica*) bezeichnen, der im tiefsten Winter als Vitaminlieferant zur Verfügung steht. Ausgesät wird er erst im September, übrigens gern auch zusammen mit dem letzten Satz Rucola, dem er dann im Beet Gesellschaft leistet. Seine hellgrünen, fleischigen und spatelförmigen Blätter schmecken im Salat wunderbar zitronig frisch.

## GRENZGÄNGER IM SCHATTENREICH

Es gibt Kräuter, die nehmen es nicht so genau. Eigentlich mögen sie es lieber sonnig (→ Seite 34/35), ein halbschattiger Standort schadet ihnen aber auch nicht. Nur wachsen sie dort meist nicht ganz so üppig: Bohnenkraut, Borretsch, Dill, Duftpelargonie, Gartenkresse, Lorbeer, Parakresse, Petersilie, Pfefferminze, Schnittlauch, Weinraute, Ysop und Zitronenmelisse gehören zu diesen Kandidaten. Wenn Sie genügend Platz haben, bauen Sie einfach etwas mehr Pflanzen dieser Arten an, dann können Sie im Endeffekt die gleichen Mengen ernten wie an einem sonnigen Standort.

## SONNE – NEIN DANKE

Wer gerne Schattenkräuter ziehen möchte, aber nur sonnenexponierte Standorte bieten kann, sollte sie zur Mittagszeit mit Zeitungspapier, einem Sonnenschirm oder einer Markise vor der prallen Sonne schützen. Sonst tragen die empfindlichen Blättchen eventuell Verbrennungen davon. Oder wie wäre es mit einem lebenden Schutzschild z.B. aus Wärme liebenden Kletterpflanzen (Wilder Wein oder Blauregen) an einem frei stehenden Spalier? Diese Pflanzen filtern die schädlichen Strahlen ebenso gut und lassen durch Lücken zwischen den Blättern noch genügend Licht durch.

*Die pikante Brunnenkresse mag am liebsten feuchte, schattige Plätze.*

**Robuste Schattenkünstler**

| Art | Höhe<br>Lebensform | Standort |
|---|---|---|
| Beifuß<br>*Artemisia vulgaris* | 200 cm<br>mehrjährig | halbschattig<br>sandiger Boden |
| Blattkoriander<br>*Polygonum odoratum* | 10 cm<br>mehrjährig | halbschattig bis schattig |
| Kerbel<br>*Anthriscus cerefolium* | 60 cm<br>einjährig | halbschattig<br>feucht |
| Liebstöckel<br>*Levisticum officinale* | 150 cm<br>mehrjährig | halbschattig<br>feucht |
| Löffelkraut<br>*Cochlearia officinalis* | 15 cm<br>zweijährig | halbschattig<br>feucht |
| Pimpinelle<br>*Sanguisorba minor* | 40 cm<br>mehrjährig | halbschattig<br>feucht |
| Sauerampfer<br>*Rumex acetosa* | 30 cm<br>mehrjährig | halbschattig<br>feucht |
| Winterportulak<br>*Montia sibirica* | 15 cm<br>zweijährig | halbschattig bis schattig |

Liebstöckel (*Levisticum officinale*)

Dill (*Anethum graveolens*)

Majoran (*Origanum majorana*)

Gartenkresse (*Lepidium sativum*)

Petersilie (*Petroselinum crispum*)

Bohnenkraut (*Satureja hortensis*)

Schnittlauch (*Allium schoenoprasum*)

Kerbel (*Anthriscus cerefolium*)

## Liebstöckel

(*Levisticum officinale*)

**Aussehen:** Mehrjähriges, bis 150 cm hohes, strauchartig wachsendes Kraut mit großen, gefiederten Blättern. Ab Juli kleine, gelbgrüne Blütendolden. **Standort:** Halbschattig, feuchter Boden. Er braucht viel Platz und kann Jahrzehnte alt werden, am besten an den Beetrand oder vor eine Mauer setzen. **Anbau & Pflege:** Aussaat und Pflanzung im April ins Freiland, anspruchslos. **Ernte:** Laufend frische Blätter schneiden. **Verwendung:** Sparsam dosieren; für Suppen, Eintöpfe, Fleischgerichte. Konservieren durch Trocknen.

## Majoran

(*Origanum majorana*)

**Aussehen:** Bis 15 cm hohes Kraut mit kleinen, eiförmigen, behaarten Blättern und rötlichen Stängeln. Sehr frostempfindlich, deshalb bei uns nur einjährig. Weißlila Blüten ab Juli. **Standort:** Sonnig und warm. **Anbau & Pflege:** Erst nach den Eisheiligen ins Freie säen oder pflanzen. **Ernte:** Laufend frische Blätter und Triebspitzen, kurz vor der Blüte ganze Triebe zum Trocknen schneiden. **Verwendung:** Klassisches Wurstgewürz, auch zu Fleischgerichten, Bratkartoffeln, Eintopf. Konservieren durch Trocknen.

# Die Top 8 der kl

## Dill

(*Anethum graveolens*)

**Aussehen:** Einjähriges, 50–90 cm hohes Kraut mit zarten, fein gefiederten Blättern. Große gelbe Blütendolden ab Juni. **Standort:** Sonnig bis halbschattig, nicht zu trockener Boden. **Anbau & Pflege:** Aussaat ab April ins Freie in Beete und Töpfe. Wurzelbereich gleichmäßig feucht halten. **Ernte:** Laufend frische Blätter und Triebspitzen, reife Samen ab September. **Verwendung:** Frische Blätter zu Salaten, Fisch, für Marinaden, Saucen und Kräuterbutter, getrocknete Samen zum Einlegen von Gurken, beides zum Aromatisieren von Essig.

## Gartenkresse

(*Lepidium sativum*)

**Aussehen:** Einjähriges, bis 15 cm hohes Kraut mit gefiederten Blättchen. **Standort:** Sonnig bis halbschattig, feucht. **Anbau & Pflege:** Aussaat im Garten ab März, ganzjährig im Haus in Schalen oder in speziellen Aussaatgefäßen (Kresseigel) auf feuchte Watte oder feuchten Küchenkrepp. Samen mit Sprühflasche ständig feucht halten. **Ernte:** Laufend Keimlinge oder frische Blätter schneiden, Pflanzen nicht höher als 10 cm werden lassen, da sie sonst zu scharf schmecken. **Verwendung:** Keimlinge und Blätter aufs Butterbrot, zu Salat, Saucen.

## Petersilie

(*Petroselinum crispum*)

**Aussehen:** Zweijähriges, bis 30 cm hohes Kraut mit gefiederten Blättern. Es gibt glattblättrige Sorten mit intensiverem Aroma und krause, die sehr dekorativ sind, außerdem Wurzelpetersilie. Gelbliche Blütendolden im Juni des zweiten Jahres. **Standort:** Sonnig bis halbschattig. **Anbau & Pflege:** Aussaat ab Mitte März im Freien, feucht halten. **Ernte:** Laufend frische Blätter schneiden. **Verwendung:** Zu Salaten, Suppen, Saucen, Kartoffeln, besonders die krausen Sorten als essbare Dekoration. Konservieren durch Trocknen oder Einfrieren.

## Bohnenkraut

(*Satureja hortensis*)

**Aussehen:** Einjähriges, bis 40 cm hohes Kraut mit zarten, schmalen Blättern. Ab Juni hellviolette Lippenblüten. Die Sorte 'Compactum' wird nur 20 cm hoch und blüht besonders üppig. Es gibt auch eine mehrjährige Art (*Satureja montana*). **Standort:** Sonnig bis halbschattig, durchlässiger Boden. **Anbau & Pflege:** Aussaat ab Mai direkt ins Beet oder in Töpfe, anspruchslos. **Ernte:** Laufend frische Blätter und Triebe. **Verwendung:** Passt gut zu Bohnengerichten, wirkt auch als Verdauungsförderer. Konservieren durch Trocknung.

# ssischen Kräuter

## Schnittlauch

(*Allium schoenoprasum*)

**Aussehen:** Mehrjährige Zwiebelpflanze mit grasartigen, röhrenförmigen Blättern. Ab Juni kugelige, violette Blüten. Weitaus größere Röhren bildet die Winterheckenzwiebel (*Allium fistulosum*). **Standort:** Sonnig bis halbschattig; feuchter, leicht kalkhaltiger Boden. **Anbau & Pflege:** Aussaat ab März, im Haus ganzjährig kultivierbar. Gleichmäßig feucht halten. **Ernte:** Laufend frische Blätter, Blüten als essbare Farbtupfer. **Verwendung:** Für Salate, Saucen, Gemüse, aufs Butterbrot. Konservieren durch Einfrieren.

## Kerbel

(*Anthriscus cerefolium*)

**Aussehen:** Einjähriges, bis 50 cm hohes Kraut mit gefiederten Blättern, ähnlich Petersilie. Weiße Blütendolden ab Mai. Es gibt eine krausblättrige 'Extra Krauser' und eine mehrjährige Sorte (*Anthriscus sylvestris* 'Ravens Wing'). **Standort:** Halbschattig, lockerer Boden. **Anbau & Pflege:** Aussaat ab Ende März in Sätzen, nicht zu trocken halten. **Ernte:** Laufend junge Triebe und Blätter. **Verwendung:** Frisch für Suppen, Saucen, Salate, Käse- und Eierspeisen. Nicht mitkochen. Konservieren durch Einfrieren.

# In Schale geworfen – Zwiebeln und Lauch

Sie sind nicht nur in der Küche, sondern auch im Kräutergarten unverzichtbar. Mit ihrem schlanken Wuchs und ihren kugeligen Blütenständen bringen Zwiebelpflanzen Abwechslung ins Beet.

Die Gattung *Allium*, zu der alle Lauchgewächse gehören, hat viel mehr zu bieten als nur Schnittlauch und Porree. Den vielen Arten gemeinsam ist der durchdringende, leicht schwefelige Geruch, der von dem in allen Pflanzenteilen enthaltenen Inhaltsstoff Alliin herrührt. Ob nun die Zwiebel oder die Sprosse oder beides genutzt werden, hängt von den einzelnen Sorten ab. Die Grenzen sind bei vielen Arten fließend, wie man an der Frühlingszwiebel sieht.

Einige Arten wie der Bärlauch (*Allium ursinum*, → Seite 36) haben keine röhrenförmigen, sondern flache Blätter. Sein fein würziger Geschmack erinnert an Knoblauch, und man verwendet ihn, bis im Mai die sternförmigen weißen Blüten erscheinen. Sein großes Plus ist Genuss ohne Reue, denn Mundgeruch bleibt aus! In Gegensatz zu vielen anderen Laucharten wächst er bevorzugt im Schatten von Bäumen und Sträuchern (→ Seite 36/37)

## SCHLANK & RANK IM BEET: SCHNITTLAUCH

Zu aparter Blütenpracht kommt der Schnittlauch nur selten: Meist landen seine dünnen Röhrenblätter schon vorher fein geschnitten im Salat. Dabei sind die rosa-violetten Blütendolden nicht nur hübsch, sie schmecken auch sehr gut (→ Seite 51). Wussten Sie, dass es in spezialisierten Gärtnereien Schnittlauch-Spielarten mit rosaroten und weißen Blüten gibt? Auf ideale Weise in einer Pflanze vereint sind pikant-scharfe Schnittlauchwürze und leichtes Knoblaucharoma im Knoblauchschnittlauch (*Allium tuberosum*). Er hat im Gegensatz zum Schnittlauch keine röhrenförmigen, sondern schmale, flache Blätter, die aber ebenso wie beim Schnittlauch klein geschnitten werden. Seine sternförmigen weißen Blütendolden setzen im Kräuterbeet bis in den Spätsommer hinein auffällige Akzente.

## GEGEN DRACULA & CO.

Mit Knoblauch kann man sich nicht nur Vampire vom Leib halten – unbestritten sind seine besonders gesunden Inhaltsstoffe. Im April steckt man Knoblauchzehen einzeln in die Erde, und im Sommer kann man die neu gebildeten Knollen nach dem Einziehen der Blätter bereits ernten. In milden Gegenden wird Knoblauch auch im Herbst gesteckt und im Frühjahr geerntet. Rocambole, der Italienische Knoblauch (*Allium sativum* var. *ophioscorodon*) hat große, gut schälbare Zehen, die aber schlecht lagerfähig sind. Die pflaumengroßen Zehen des Riesenknoblauchs (*Allium ampeloprasum*) sind wie geschaffen für Freunde des frischen Atems. Sein mildes Aroma kann man fast bedenkenlos genießen. Ähnlich wie Knoblauch schmeckt übrigens die meist einjährig kultivierte Knoblauchsrauke (*Alliaria petiolata*), die am liebsten im Halbschatten wächst, aber gar nicht mit den Lauchgewächsen verwandt ist (→ Seite 36).

## ZWIEBELN AUF DIE PELLE GERÜCKT

Der zum Weinen rührende Inhaltsstoff der Küchenzwiebeln ist ein unaussprechliches, aber angeblich flüchtiges Sulfoxid. Tröstend ist dabei allenfalls die große Vielfalt im Zwiebelreich, es gibt

*Mit der Bärlauchblüte endet die Erntesaison für die würzigen Blätter.*

*Schmeckt nicht nur gut, sondern blüht auch schön: Knoblauch ist ein Multitalent.*

nämlich auch mildere Sorten, die kaum die Tränendrüsen reizen. Von der Speisezwiebel (*Allium cepa*) kennen wir bereits viele Sorten aus dem Supermarkt mit weißen, gelben, roten, runden oder birnenförmigen Zwiebeln. Während man von ihr nur die Zwiebeln verwendet, nutzt man von der Schalotte (*Allium cepa* var. *ascalonicum*) die würzigen grünen Oberblätter genauso wie die kleinen, länglich-eiförmigen, roten oder gelbbraunen Zwiebeln. Die Winterheckenzwiebel (*Allium fistulosum*) ist eine frostharte Variante, deren Zwiebeln sich weniger gut verwenden lassen. Ihre auch im Winter grünen Sprosse aber sind als frische Zwiebelwürze in der kalten Jahreszeit heiß begehrt. Und wenn Sie von Lauch gar nicht genug kriegen können, pflanzen Sie einfach noch Porree (*Allium porrum* var. *porrum*) und setzen Sie dekorativen Zierlauch dazwischen, der mit großen, bunten Blütenköpfen Farbe ins Gemüsebeet bringt!

TIPP

## Reiche Beute: Lauchgewächse anbauen

- Fast alle Arten können im Frühjahr ausgesät werden. Nur der Bärlauch wird im Herbst gesät, weil seine Samen erst nach Frösten keimen.
- Etagenzwiebel, Schalotte und Speisezwiebel werden im Frühjahr im Abstand von 10–15 cm gesteckt.
- Von Knoblauch pflanzt man im Frühjahr oder Herbst einzelne Zehen. Zwiebeln von Bärlauch kommen am besten im Herbst in den Boden.
- Schnittlauchpflanzen lassen sich leicht teilen (→ Seite 68).

# Ran an die Salat-Bar

Nichts geht über frische Kräuter im Salat! Was liegt also näher, als selbst auch ein paar Köpfe anzubauen? So eine kunterbunte Mischung verschiedener Sorten ist nicht nur die reine Gaumenfreude, sondern auch ein richtiger Augenschmaus.

Sie brauchen gar kein Beet, um Salat anzubauen, er gedeiht auch im Balkonkasten, im Blumentopf und sogar in einer Taschenamphore (→ Seite 27). Salat verträgt sich gut mit Dill, Schnittlauch und Radieschen und kann mit diesen Arten auch zusammen in ein Gefäß gepflanzt werden.

**Da haben Sie den Salat!**

| Sorten für Frühjahr–Sommer | Typ | Blatt |
|---|---|---|
| Amerikanischer Brauner | Pflücksalat | rotbraun, kraus |
| Brauner Trotzkopf | Kopfsalat | braun, gewellt |
| Hohlblättriger Butter | Schnittsalat | gelbgrün, glatt |
| Kagraner Sommer | Kopfsalat | grün, gewellt |
| Kasseler Strünkchen | Römischer Salat | grün, glatt |
| Laibacher Eis | Eissalat | rötlich, gewellt |
| Lollo bionda | Pflücksalat | hellgrün, kraus |
| Red Salad Bowl | Pflücksalat | rot, eichblattförmig |
| Till | Pflücksalat | hellgrün, fingerförmig |

| Sorten für den Herbst | Typ | Blatt |
|---|---|---|
| Bubikopf 2 | Endivie | grün, gewellt |
| Dunkelgrüner Vollherziger | Feldsalat | dunkelgrün, glatt |
| Wallone | Endivie | grün, kraus (Frisée) |

## KLEINES SALAT-EINMALEINS

Die verschiedenen Salate unterscheiden sich durch Wuchs, Farbe und die Art, in der sie geerntet werden.

➤ Kopfsalate bilden geschlossene Köpfe, die im Ganzen geerntet werden. Es gibt Sorten mit grünen, roten, glatten oder krausen Blättern. Eissalat wächst ähnlich, hat aber knackigere Blätter. Halbrunde Kopfsalate lassen sich schön mit hoch wachsenden Salaten wie Zuckerhut kombinieren.

➤ Römischer Salat und Zuckerhut wachsen kegelförmig aufrecht, von ihnen werden ebenfalls die ganzen Köpfe geerntet. Es gibt grüne und braunrote Sorten.

➤ Endiviensalat bildet breite Rosetten mit leicht bitteren, gewellten bis krausen Blättern. Er wird im Ganzen geerntet.

➤ Pflücksalat hat eine lange Erntezeit, weil nur immer wieder die unteren Blätter abgenommen werden. So entstehen im Laufe der Zeit kleine Salat-Hochstämmchen, die sogar attraktiv aussehen. Es gibt gelbgrüne, braune, grüne und rote Sorten (→ Tabelle) mit glatten, krausen, gefingerten oder eichblattförmigen Blättern. Der Handel bietet praktische Samenmischungen an.

➤ Schnittsalat, z.B. die Sorte »Krauser Gelber«, bildet dichte Reihen von gelbgrünen Blättern. Sobald sie etwa 15 cm hoch sind, wird die gerade benötigte Menge mit dem Messer abgeschnitten.

➤ Feldsalat hat kleine Blattrosetten aus grünen, löffelförmigen Blättern, die komplett geerntet werden.

## SALAT RUND UMS JAHR

Die Vielzahl von Arten und Sorten macht es möglich, vom Frühsommer bis zum Herbst immer frischen Salat in vielen Variationen zu ernten. Von der Aussaat bis zur Ernte dauert es im Durchschnitt 6–7 Wochen. Wenn Sie gekaufte Pflanzen setzen, geht es etwa 2 Wochen schneller. Von März bis Mai sät man die Frühjahrssorten von Kopf- und Pflücksalat, Römischem Salat und Schnittsalat. Bei Aussaat im Frühbeet ab Mitte März oder einer Abdeckung aus Gemüsebeetfolie (im Fachhandel) können Sie etwa 4 Wochen früher ernten. Von Mai bis August werden angebaut: Asia-Salate, Chinakohl, Eissalat, Endivie, Feldsalat, Sommersorten des Kopfsalats, Pflücksalat, Römischer Salat, Schnittsalat und Zuckerhut. Von August bis September säen Sie Endivie, Feldsalat und die Herbstsorten von Kopfsalat aus. Geben Sie dem Salatbeet einen passenden Rahmen aus Kräutern. Schnittlauch und Petersilie eignen sich gut für Einfassungen (→ Seite 16/17) und liefern die richtige Salatwürze. Wichtig für alle künftigen Salatgärtner:

➤ Mit verschiedenen Arten und Sorten und weiteren Salatzutaten wie Radieschen, Salatchrysantheme und Tomaten können Sie aus einer großen Vielfalt schöpfen.

➤ Ziehen Sie von der gleichen Art nicht zu viel auf einmal, sonst wächst Ihnen der Salat über den Kopf. Bauen Sie kleine Mengen satzweise im Abstand von etwa 10–14 Tagen an.

➤ Verwenden Sie Sorten, die für den Anbaumonat geeignet sind. Das steht immer auf der Packung.

➤ Halten Sie einen Fruchtwechsel ein, damit sich Bodenschädlinge und Krankheiten nicht übermäßig vermehren. Wenn Sie also z. B. Kopfsalat abgeerntet haben, bauen Sie ihn an anderer Stelle im Beet wieder nach. Bei Topfkultur können Sie einfach frische Erde verwenden.

*Vitamine, Vitamine! Im Sommer ist endlich Entezeit.*

Estragon (*Artemisia dracunculus*)

Lorbeer (*Laurus nobilis*)

Parakresse (*Spilanthes oleracea*)

Rucola (*Eruca sativa* ssp. *sativa*)

Basilikum (*Ocimum basilicum*)

Koriander (*Coriandrum sativum*)

Oregano (*Origanum vulgare*)

Sauerampfer (*Rumex acetosa*)

## Estragon

(*Artemisia dracunculus*)

**Aussehen:** Mehrjähriger, bis 50 cm hoher Busch mit schmalen Blättern, grünliche Blüten von August–Oktober. **Standort:** Sonnige Plätze und nicht zu trockene Böden. **Anbau & Pflege:** Der robuste Russische Estragon kann ab April ausgesät werden, der feinere Französische lässt sich so nicht anziehen, von ihm kauft man besser eine Jungpflanze. Er braucht in rauen Lagen Winterschutz. **Ernte:** Laufend frische Triebe und Blätter schneiden. **Verwendung:** Für Salate, Saucen, Fisch. Konservieren in Essig oder durch Trocknen.

## Parakresse

(*Spilanthes oleracea*)

**Aussehen:** Einjähriges, bis zu 30 cm hohes Kraut mit ovalen, grünen, rot überhauchten Blättern und rötlichen Stängeln. Hellgelbe, später intensiv rote Blüten ohne Blütenblätter ab Juli. **Standort:** Sonnig und warm, nährstoffreiche Erde. **Anbau und Pflege:** Aussaat nach den Eisheiligen, gleichmäßig feucht halten. **Ernte:** Laufend frische Blätter. **Verwendung:** Das pikante Aroma erinnert an Estragon und bitzelt auf der Zunge wie Brausebonbons. Klein geschnitten für Salate, Saucen und ganz als essbare Dekoration.

# Die Top 8 der

## Lorbeer

(*Laurus nobilis*)

**Aussehen:** Immergrünes, frostempfindliches Gehölz mit ledrigen, lanzettlichen Blättern, kann 1–2 m hoch werden. Bei älteren Pflanzen ab Mai kleine weiße Blüten. **Standort:** Sonnig bis halbschattig. **Anbau & Pflege:** Vermehrung durch Stecklinge. Als Kübelpflanze ziehen, in einem hellen, kühlen Raum überwintern. Ballen nie völlig austrocknen lassen. Krone kann auch in Form geschnitten werden, z. B. als Kugel. **Ernte:** Laufend frische Blätter. **Verwendung:** Zu Fleisch, Eintöpfen, Gemüse. Konservieren durch Trocknung.

## Rucola

(*Eruca sativa* ssp. *sativa*)

**Aussehen:** Einjährige, bis 25 cm hohe Rosettenpflanze aus der Familie der Kreuzblütler. Beliebt ist die etwas würzigere italienische Sorte 'Rucola da Orto' mit größeren, rundlicheren Blättern, die meisten Sorten haben aber gefiederte Blätter. Es gibt auch zwei mehrjährige Arten (*Eruca sativa* ssp. *silvatica* und *E. vesicaria*). **Standort:** Sonnig, trocken; humose Böden. **Anbau & Pflege:** Aussaat ab April, nur mäßig gießen, Blüten ausbrechen. **Ernte:** Laufend frische Blätter. **Verwendung:** Roh als Salat, zu Mischsalaten, Saucen und Pizza.

# Gourmet-Kräuter

## Basilikum

(*Ocimum basilicum*)

**Aussehen:** Einjähriges, 30–50 cm hohes Kraut mit ovalen Blättern, die je nach Sorte hellgrün bis rot, glatt oder kraus sind. Viele Formen, z. B. mit Anis-, Zimt- oder Zitronengeschmack. Juli–September kleine weiße Blüten. **Standort:** Warme, sonnige Plätze oder ein helles Fensterbrett. **Anbau & Pflege:** Frostempfindlich, Aussaat oder Pflanzung ins Freie erst ab Mitte Mai, feucht halten. **Ernte:** Laufend Blätter und junge Triebspitzen. **Verwendung:** Frisch zu Tomaten, Salaten und Pesto, nicht mitkochen. Konservieren in Öl.

## Koriander

(*Coriandrum sativum*)

**Aussehen:** Einjähriges, 30–70 cm hohes Kraut mit vielteiligen Blättern; weißlich-rosa Blüten ab Juni. Es gibt auch speziellen Blattkoriander (Cilantro), der besonders lange, aromatische Blätter liefert. **Standort:** Sonnig, Blattkoriander auch noch halbschattig; kalkhaltiger Boden. **Anbau & Pflege:** Aussaat ab April direkt im Beet, Boden regelmäßig lockern. **Ernte:** Laufend frische Blätter, Körner ab September. **Verwendung:** Frische Blätter zu Suppe, Salat, gedünstetem Gemüse; getrocknete Körner für Backwaren, Braten.

## Oregano

(*Origanum vulgare*)

**Aussehen:** Mehrjähriges, bis zu 60 cm hohes, buschiges Kraut mit kleinen, fein behaarten Blättern; rosa Blüten Juli–Oktober. **Standort:** Sonnig, trocken und sehr warm; kalkhaltiger Boden. **Anbau & Pflege:** Aussaat ab Mai, Vermehrung durch Teilung im Frühjahr oder Herbst. Braucht in rauen Lagen Winterschutz, Rückschnitt im Frühjahr. **Ernte:** Laufend frische Blätter, am aromatischsten sind sie während der Blüte. **Verwendung:** Für Pizza, Pasta-Saucen, Gemüseeintöpfe, Fleisch. Konservieren durch Trocknung.

## Sauerampfer

(*Rumex acetosa*)

**Aussehen:** Mehrjähriges, bis zu 30 cm hohes Kraut mit lanzettlichen Blättern. Ab Mai grünlich-rote Blüten. Es gibt auch eine dekorative, rot geaderte Form (*Rumex sanguineus*). **Standort:** Halbschattig bis sonnig, feuchte Böden, auch am Gehölzsaum. **Anbau & Pflege:** Aussaat ab April, gleichmäßig feucht halten. Blütentriebe sofort ausbrechen. **Ernte:** Laufend frische Blätter ernten. **Verwendung:** Für Suppen, Saucen, zu Salaten, Fleisch, Garnelen (Sauerampfer ist aber nicht für Schwangere und bei Nierenerkrankungen geeignet).

# Kräuterblüten zum Naschen

Viele Kräuter haben nicht nur aromatische Blätter, sondern auch essbare Blüten. Sie machen sich nicht nur gut als Augenschmaus auf so manchem Gericht, sondern verwöhnen unsere Gaumen mit ihrem nicht ganz alltäglichen Geschmack. Probieren geht über studieren!

Milliarden von Nektar suchenden Insekten können sich nicht irren! Es gibt zahllose essbare Kräuterblüten und eine Fülle von Rezepten für ihre Verwendung. Einige gerieten etwas in Vergessenheit und kommen gerade wieder in Mode. Andere verdanken wir den kreativen Küchenchefs der Nouvelle Cuisine auf immer neuer Suche nach essbaren Tellerdekorationen.

**Blüten haben (fast) immer Saison**

| Name | Höhe<br>Lebensform | Blütezeit<br>Blütenfarbe |
|---|---|---|
| Boretsch<br>*Borago officinalis* | 60–90 cm<br>einjährig | Mai–August<br>Blauviolett |
| Stiefmütterchen<br>*Viola tricolor* | 20–40 cm<br>zweijährig | April–Juni<br>Gelb mit Weiß und Lila |
| Indianernessel<br>*Monarda didyma* | 60–80 cm<br>mehrjährig | Juli–September<br>Rot |
| Kapuzinerkresse<br>*Tropaeolum majus* | 30–80 cm<br>einjährig | Juli–Oktober<br>Gelb, Orange, Rot |
| Ringelblume<br>*Calendula officinalis* | 40–50 cm<br>einjährig | Juni–Oktober<br>Gelb, Orange |
| Taglilie<br>*Hemerocallis*-Arten | 50–80 cm<br>mehrjährig | Mai–Juli<br>Gelb, Orange, Rot |

Blüten einfach über den Salat zu streuen ist die geläufigste Variante. Aber Sie können die zarten Blüten auch kandieren, einfrieren (→ Seite 84/85) und sogar Zucker damit aromatisieren. Je nach Größe verwendet man wie bei der Ringelblume nur einzelne Blütenblätter. Von Borretsch und Salbei nimmt man die ganzen Blüten für essbare Verzierungen. Große, aber zarte Blüten wie die der Kapuzinerkresse sollte man nicht auseinander pflücken – allein des dekorativen Effektes wegen, der diese Blüten zum Hingucker auf jedem Buffet macht.

Besonders ergiebig sind einjährige Arten. Sie blühen üppig vom Frühsommer bis in den Herbst hinein, sodass Sie lange etwas davon haben.

Geerntet wird am besten morgens. Dann sind die Pflanzen frisch, der nächtliche Tau ist getrocknet und sie stehen noch nicht in der prallen Sonne. Achten Sie darauf, immer nur Blüten von Standorten zu pflücken, die garantiert schadstofffrei sind, am besten aus dem eigenen Garten. Halten Sie sie kurz unter kaltes laufendes Wasser und trocknen Sie sie vorsichtig auf einem Stück Haushaltspapier. Das hält Geschmack und Farben länger frisch. Staubgefäße und Griffel oder die grünen Kelchblätter sollten sie bei größeren Blüten besser entfernen.

## SUPPEN, SALSAS UND SORBETS

Man braucht nicht unbedingt immer bewährte Rezepte, um essbare Kräuterblüten verwenden zu können. Lassen Sie Ihrer

*Highlight auf jedem Salat: Die Blüten der Kapuzinerkresse und die blauen Borretsch-Sterne leuchten um die Wette.*

Fantasie einfach freien Lauf! Borretsch und Gänseblümchen z.B. sind vielseitig verwendbar. Ob in heißen Suppen, kalten Sorbets oder Eiswürfeln für Drinks: Überall bringen ihre Blüten sommerliche Frische und neue Geschmacksnuancen ins Spiel. Schon wenige lila Blütenköpfchen und geschnittene Blattröllchen des Schnittlauchs machen ein simples Butterbrot zum Highlight jeder kalten Platte, und mit ein paar Waldmeisterblüten wird die Maibowle zumindest optisch zum Zaubertrank. Richtig tricksen lässt sich auch mit den Blüten der Ringelblume. Deren Staubgefäße dienen als Safranersatz in Gemüsesuppen und färben Vanillesaucen gelb. Als hübscher gelb-orangefarbener Farbklecks auf fruchtigen Desserts lässt sich die Gewürztagetes in Szene setzen. Selbst angesetzten Kräuteressig verfeinern z. B. die Knospen von Gänseblümchen oder die kugeligen Früchte der Kapuzinerkresse. Sie werden auch gerne als Kapernersatz in Essig oder auch Salzlake einlegt.

## FÜR ECHTE SÜSSMÄULER

Lavendel-, Minze- oder Rosenblüten eignen sich hervorragend zum Kandieren. Dazu werden die Blütenblätter innen und außen mit einer Masse aus leicht verschlagenem Eiweiß eingepinselt und gleichmäßig mit Zucker bestreut. Die so präparierten Blüten werden auf ein Backblech gelegt und nochmals mit Zucker bestreut. 1–2 Tage lang trocknen sie an einem luftigen Ort und können anschließend maximal 3 Monate in einer luftdichten Dose aufbewahrt werden.

Um 500 g Zucker zu aromatisieren, benötigen Sie etwa 70 g getrocknete Blüten. Füllen Sie beides in ein Schraubglas und lassen Sie es unter gelegentlichem Schütteln ca. 2 Wochen ziehen. Blütenzucker schmeckt herrlich zu Mehlspeisen und im Tee. Und noch ein Tipp für alle, die nicht solange warten wollen: Die unreifen grünen Samen der Süßdolde (*Myrrhis odorata*) sind ganz zart und schmecken nach Lakritz.

# Nette Begleiter gesucht

Pflanzen Sie doch mal ein paar Kräuter zwischen bunte Blumen! Sie werden sich wundern, wie gut die würzigen Vertreter sogar in Ziergärten mitmischen.

*Zur blauen Stunde im Kräuterbeet treffen sich Stiefmütterchen und Salbei.*

Dass sich Rosen und Kräuter aufs Schönste ergänzen, ist ein Thema für sich (→ Seite 54/55), aber auch so manche Staude und viele Einjährige kann man durch Kräuter als Begleiter richtig gut in Szene setzen. Die Fülle an Spielarten verschiedener Blüten- und Blattfarben (→ Seite 10/11) ist unerschöpflich und regt zu immer neuen Gestaltungsideen im Beet und auch im Balkonkasten an. Selbst der Gemüsegarten wird mit blühenden Kräutern im Mix zum kunterbunten Blickfang und braucht sich nicht mehr hinter den Zierrabatten zu verstecken. Kombinieren Sie aber immer nur Arten, die unter den vorgegebenen Standortbedingungen gut gedeihen.

## GUTE NACHBARSCHAFT IM BEET

➤ Bei einem **sonnigen Standort** haben Sie die Qual der Wahl, denn es gibt eine Fülle von Pflanzen, die sich für gelungene Beet-Kompositionen eignen. Besonders hübsch wirken gelbe Blütenrispen wie die des Frauenmantels (*Alchemilla mollis*) neben allen lila oder blau blühenden Kräutern. Umgekehrt sehen die lichtblauen Blüten von Polsterglockenblumen wie der Dalmatiner Glockenblume (*Campanula portenschlagiana*) und die lavendelblauen Blütenähren der Katzenminze (*Nepeta* x *faassenii*) sehr hübsch aus zu Kräutern mit gelben Blüten. Besonders zart und romantisch wirken beide Arten in Kombination mit rosa blühenden Kräutern.

Ziehen Sie vorwiegend grüne Kräuter, finden den Anblick jedoch etwas langweilig? Mit kräftig rot blühenden Pflanzen lassen sich solche Kräuterbeete optisch aufwerten. Besonders geeignet sind Stauden wie Blutroter Storchschnabel (*Geranium sanguineum*), Spornblume (*Centranthus ruber*) und Zitronenysop (→ Seite 61). Wenn Sie es etwas strenger mögen, kombinieren Sie grüne Kräuter doch z. B. mit Heiligenkraut (→ Seite 16/17). Seine silbrigen Fiederblätter geben dem Arrangement einen ruhigen, edlen Charakter.

➤ Für **halb- oder vollschattige Standorte** gibt es eine kleine, aber feine Auswahl an Arten, die mit ihren meist zarten Blütenfarben romantisches Flair verbreiten. Zu ihnen gehören Astilbe (*Astilbe*-Hybriden), Balkan-Storchschnabel (*Geranium macrorrhizum*, rot, rosa, weiß), Funkie (*Hosta*-Arten, violett, weiß) und Süßdolde (→ Seite 50/51). Diese Arten haben oft größere Blätter und breiten sich weiter aus. Achten Sie darauf, dass sie nicht zu dicht gepflanzt sind, damit keine Konkurrenz entsteht.

## VIS-À-VIS IM BLUMENTOPF

Im engen Topf oder Kasten müssen die verschiedenen Arten schon besonders gut zueinander passen, um miteinander zu harmonieren. Einjährige wie Löwenmaul (*Antirrhinum majus*), Zinnien (*Zinnia elegans*), Verbene (*Verbena*-Hybriden) und Mittagsblume (*Dorotheanthus bellidiformis*) sind dafür bestens geeignet. Ihre vielen Farbabstufungen lockern das grüne Kräutereinerlei fröhlich auf. Die Pelargonie (→ Seite 56 und 58) bringt ebenfalls kräftige Farbtupfer ins Spiel, während das silberne Laub des Currykrauts (*Helichrysum angustifolium*) beruhigend wirkt. Auch die Topferde am Fuß hochstämmiger Kübelpflanzen kann man noch wunderbar mit niedrigen Kräutern wie Petersilie und Thymian begrünen. In Frage kommen dafür z. B. viele mediterrane Arten wie Oleander, Wandelröschen (→ Seite 24/25) oder die Strauchmargerite (*Argyranthemum frutescens*).

*Ein kontrastreiches Paar: Bei Weinraute und Ringelblumen ziehen sich die Gegensätze an.*

**Auf Partnersuche**

| **Kräuter-Partner für sonnige Beete** | **Höhe Blattfarbe** | **Blütezeit Blütenfarbe** |
|---|---|---|
| Frauenmantel *Alchemilla mollis* | 30–60 cm gelbgrün | Juni–Juli Gelb |
| Katzenminze *Nepeta x faassenii* | 30–60 cm graugrün | Mai–September Lavendelblau |
| Storchschnabel *Geranium sanguineum* | 15–20 cm frischgrün | Mai–September Purpurrot |

| **Kräuter-Partner für schattige Beete** | **Höhe Blattfarbe** | **Blütezeit Blütenfarbe** |
|---|---|---|
| Astilbe *Astilbe*-Hybriden | 40–80 cm dunkelgrün | Juni–September Rot, Rosa, Weiß |
| Funkie *Hosta fortunei* | 40–60 cm grün mit gelb | Juli–August Violett, Blau |

# Zwei, die sich mögen: Rosen & Kräuter

**Wie viele Kräuter sind sie Sonnenanbeter, ihre Blütenblätter sind essbar und duften meist auch betörend. Dazu kommt bei vielen Sorten die nicht enden wollende Blütenpracht. Kurz gesagt, Rosen sind einfach wunderbare Begleiter für Kräuter.**

Wenn Sie Rosen und Kräuter kombinieren, sollten Sie sie nicht zu dicht zusammenpflanzen. Mehrjährige Kräuter wie Lavendel werden durch regelmäßigen Rückschnitt (→ Seite 76/77) im Zaum gehalten, damit sie die Rosen nicht zu sehr bedrängen.

## IN GUTER GESELLSCHAFT

Klassischer geht´s nicht: Mit Rosen und Lavendel lässt sich immer eine besondere Gartenatmosphäre schaffen. Edel wirkt ein Beet mit blauviolettem Lavendel und weißen Rosen, romantisch mit rosaroten, frisch mit gelben, sehr lebhaft mit orangefarbenen oder kräftig roten Rosensorten. Eine ähnliche Wirkung erzielt man mit Salbei, der sich auch noch gut mit Frauenmantel kombinieren lässt (→ Seite 52/53). Ein Trio aus diesen Arten ruft nostalgische Erinnerungen ans Poesiealbum wach. Auch eine bodendeckende Salbeiart, der Spanische Salbei (*Salvia lavandulifolia*), passt wunderbar ins Rosenbeet. Für hübsche Dreierkonstellationen können Sie weitere Bodendecker wie Duft-Schöterich (*Erysimum pachycarpum*) dazusetzen. Wer es lieber etwas unkonventioneller mag: Schnittlauch bildet ebenfalls einen sehr dekorativen Rahmen für Rosen – besonders wenn er gerade blauviolett blüht!

Durch die verschiedenen Wuchsformen von Rosen ergeben sich ganz unterschiedliche Gestaltungsmöglichkeiten:

➤ **Beetrosen** bilden eine sehr sortenreiche Gruppe. Sie werden etwa 50–100 cm hoch und haben gefüllte Blüten in allen denkbaren Farben außer Blau. Es gibt zwei Gruppen: die großblumigen Edelrosen, deren Blüten einzeln auf langen Stielen stehen, wie die Teehybriden, und die beliebten büschelblütigen Rosen, zu denen die großblütigen Floribunda-Rosen gehören. Beetrosen eignen sich gut für eine ausgewogene Bepflanzung im Wechsel mit höherwüchsigen Kräutern.

➤ **Zwergrosen** wachsen nur 30–50 cm hoch, sie können auch in Gefäßen gezogen werden (s. u.). Niedrigere Kräuter wie Thymian und Oregano sehen dazu hinreißend aus.

➤ **Strauchrosen** werden 1–2,5 m hoch und eignen sich gut als Zentrum eines Kräuterbeetes, umspielt z. B. von Borretsch.

➤ **Kletterrosen** erreichen bis 4 m Höhe. Sie können an der Hauswand oder einem Gerüst bei der Terrasse neben Kräutern gezogen werden – oder Sie bepflanzen damit einen Rosenbogen über dem Weg zum Kräuterbeet.

## AUF BALKON UND TERRASSE

Vor allem die neu gezüchteten Zwergrosen eignen sich bestens auch für die Topfkultur. Sehr attraktiv ist die Kombination mit dem Großblütigen Bergbohnenkraut (*Satureja montana* 'Coerulea') oder mit Thymian. An einem Obelisken aus Metall können Sie Strauchrosen mit Partnern wie Borretsch und Salbei in einem großen Kübel ziehen. Zur Umrahmung des Sitzplatzes sind solche Gefäße zauberhaft. Sie sollten aber etwas Abstand halten, damit man nicht an den Stacheln hängen bleibt.

*Das klassische Duo bilden Strauchrosen und Lavendel.*

*Zitronenthymian umspielt galant die Blüten der Zwergrose.*

Pfefferminze (*Mentha* x *piperita*)

Duftpelargonie (*Pelargonium* x *citriodorum* 'Prince of Orange')

Lavendel (*Lavandula angustifolia*)

Zitronenverbene (*Aloysia triphylla*)

Zitronenmelisse (*Melissa officinalis*)

Salbei (*Salvia officinalis*)

Thymian (*Thymus vulgaris*)

Rosmarin (*Rosmarinus officinalis*)

## Pfefferminze

(*Mentha* x *piperita*)

**Aussehen:** Mehrjähriges, bis 50 cm hohes Kraut mit ovalen, gezähnten Blättern. Rosa bis violette Blütenquirle ab Juli. Es gibt viele Arten und Sorten mit verschiedensten Aromen. **Standort:** Sonnig bis halbschattig; humoser, feuchter Boden. Auch gute Kübelpflanze. **Anbau & Pflege:** Kann nur durch Teilung vermehrt werden, deshalb Jungpflanzen kaufen. Durch Rückschnitt im Zaum halten. **Ernte:** Laufend frische Blätter und Triebe schneiden. **Verwendung:** Für Saucen, Fleisch, Desserts, Drinks und Tee. Konservieren durch Trocknung.

## Duftpelargonie

(*Pelargonium* x *citriodorum* 'Prince of Orange')

**Aussehen:** Bis 50 cm hohe, frostempfindliche Sorte mit kleinen, fein zerteilten Blättern. Ab Juni rosa Blüten mit karminroten Saftmalen. Es gibt eine Vielzahl von Formen mit verschiedenen Duftnoten. **Standort:** Sonnig bis halbschattig; trocken. Besonders gut für Topfkultur geeignet. **Anbau & Pflege:** Am besten Jungpflanzen kaufen. Für buschigen Wuchs öfter zurückschneiden. Im Haus kühl und trocken überwintern. **Ernte:** Laufend frische Blätter und Blüten. **Verwendung:** Zu Gemüse und Desserts, als essbare Dekoration.

# Die Top 8 der d

## Lavendel

(*Lavandula angustifolia*)

**Aussehen:** Mehrjähriger, bis 50 cm hoher Halbstrauch mit silberfarbener, nadelförmiger Belaubung. Blauviolette Lippenblüten im Juli. Es gibt auch Sorten mit weißen oder dunkelblauen Blüten. **Standort:** Sonnig; trockener, kalkhaltiger Boden. **Anbau & Pflege:** Am besten Jungpflanzen kaufen. Nach der Blüte kräftig zurückschneiden. Braucht nur in rauen Lagen Winterschutz. **Ernte:** Laufend junge Triebe und Blätter schneiden, im Juli Blüten. **Verwendung:** Für Geflügel, Desserts. Die Blüten können getrocknet werden.

## Zitronenverbene

(*Aloysia triphylla*)

**Aussehen:** Frostempfindliches, bis 100 cm hohes Gehölz mit langen, schmalen Blättern. Im August weiße, kleine Blüten in Rispen. **Standort:** Sonnig; relativ trocken. **Anbau & Pflege:** Jungpflanzen kaufen, eignet sich besonders als Kübelpflanze. Mäßig feucht halten. Kühl und trocken im Haus überwintern. An dunklen Standorten verliert sie ihre Blätter, treibt aber im Frühjahr wieder aus. **Ernte:** Laufend frische Blätter. **Verwendung:** Für Desserts, Salate, frisch oder getrocknet für Tee. Konservieren durch Trocknen.

## Zitronenmelisse

(*Melissa officinalis*)

**Aussehen:** Mehrjähriges, bis 90 cm hohes, ausladendes Kraut mit hellgrünen, brennnesselartigen Blättern. Ab Juli weißliche Blüten. **Standort:** Sonnig bis halbschattig; humose Böden. **Anbau & Pflege:** Aussaat ab Mai, besser Pflanzen kaufen. Vermehrung auch durch Teilung oder Stecklinge. Häufiger Rückschnitt fördert die Bildung zarter Triebe und bremst den Ausbreitungstrieb. **Ernte:** Laufend frische Blätter und junge Triebe schneiden. **Verwendung:** Für Gemüse, Desserts, zu Tee. Konservieren durch Trocknen.

## Salbei

(*Salvia officinalis*)

**Aussehen:** Mehrjähriger, bis 50 cm hoher immergrüner Halbstrauch mit silbergrauen, ovalen Blättern. Ab April hellblaue Lippenblüten. Die Sorte 'Purpurascens' hat rote, 'Icterina' gelbbunte und 'Tricolor' dreifarbige Blätter. **Standort:** Sonnig; trockene, kalkhaltige Böden. **Anbau & Pflege:** Am besten Jungpflanzen kaufen. Im Frühjahr zurückschneiden. In rauen Lagen Winterschutz. **Ernte:** Laufend frische Blätter und Triebe schneiden. **Verwendung:** Zu Pasta-Saucen, Fleisch, Fisch. Konservieren durch Trocknen, nicht zum Einfrieren geeignet.

# ftenden Kräuter

## Thymian

(*Thymus vulgaris*)

**Aussehen:** Mehrjähriger, bis 30 cm hoher Halbstrauch mit kleinen, spitzen Blättern. Ab Mai weiße bis lila Lippenblüten. Es gibt eine weißbunte Sorte 'Variegatus' und den sehr zierlichen Zitronenthymian (*Thymus* x *citriodorus*). **Standort:** Sonnig; trockene Böden. **Anbau & Pflege:** Am besten Jungpflanzen kaufen. Ältere Pflanzen zurückschneiden. **Ernte:** Laufend frische Blätter und Triebe. **Verwendung:** Für Saucen, zu Fleisch – besonders Lamm –, Fisch, Eintöpfen, Hülsenfrüchten, Tee. Konservieren durch Trocknen.

## Rosmarin

(*Rosmarinus officinalis*)

**Aussehen:** Mehrjähriger, bis 50 cm hoher, frostempfindlicher Strauch mit immergrünen, nadelförmigen Blättern. Ab Mai weiße, rote oder violette Lippenblüten. **Standort:** Sonnig; trockene, humose Böden. **Anbau & Pflege:** Am besten Jungpflanzen kaufen. Im Frühjahr Formschnitt möglich. Im Haus kühl und hell überwintern, in milderen Lagen mit Winterschutz draußen. **Ernte:** Laufend frische Blätter und Triebspitzen. **Verwendung:** Zu Gemüse, Kartoffeln, Lamm (nicht für Schwangere). Konservieren durch Trocknen.

# Zitronenfrisches Kräuterflair

Zu einem Dufterlebnis der besonderen Art verführt uns das ausgeprägte Aroma von Zitruskräutern auf Balkon und Terrasse. Ihre unwiderstehliche Frische lässt sofort südliche Urlaubsträume wach werden nach Sommer und Sonnenschein.

Rund um den Sitzplatz im Garten oder auf dem Balkon können Sie sich leicht eine kleine Duftinsel mit aromatischen Kübelpflanzen schaffen. Dabei sollten Sie möglichst nicht zu viele verschiedene Düfte miteinander kombinieren, denn für feine Geruchsnerven können diese dann eher erdrückend und sogar sehr störend sein. Hier gilt der Grundsatz: Weniger ist oft mehr. Beschränken Sie sich also besser nur auf eine Duft-Gruppe wie Pflanzen mit zitronenfrischem Aroma, von denen es eine große Auswahl gibt. Damit sind nicht nur die eigentlichen Zitrusgewächse wie Zitrone und Orange gemeint, sondern auch eine ganze Reihe von krautigen Pflanzen mit Zitrusaroma. Sie stammen überwiegend aus Ländern mit mildem Klima und sind daher in unseren Breiten meist nicht winterhart. Als Kübelpflanzen kann man sie aber den ganzen Sommer über möglichst nah zum Schnuppern zu sich an den Sitzplatz im Garten oder auf den Balkon rücken. Das richtige Urlaubsfeeling stellt sich ein, wenn Sie noch ein Zitrusbäumchen dazu stellen. Zitronen (*Citrus limon*) z.B. sind vergleichsweise pflegeleicht, ebenso die nicht so hoch wachsende Kumquat (*Fortunella japonica*). Mit etwas Glück und guter Pflege reifen sogar immer wieder neue Früchte heran. Und wenn Sie Platz sparen und gleichzeitig eine dekorative Wirkung erzielen möchten: Pflanzen Sie doch bei einem Hochstämmchen einfach Zitronenthymian oder Zitronenquendel als hübsche und duftende Bodendecker mit in den Topf.

## VIELFALT IM ZITRUSREICH

Eines haben alle Zitruskräuter gemeinsam: Sie brauchen einen möglichst sonnigen Platz, an dem sich ihr aromatischer Wohlgeruch richtig entfalten kann.

➤ **Einjährige Pflanzen** haben den Vorteil, dass sie schnell zu wahren Prachtexemplaren heranwachsen und uns den ganzen Sommer über mit ihrem charakteristischen Duft verwöhnen. Inzwischen gibt es verschiedene Zitronenbasilikum-Sorten, die fruchtig-frischen Geschmack in grüne Salate bringen. Die Blätter und die ab Juni erscheinenden Blüten der Gewürztagetes (*Tagetes tenuifolia*) schmecken ebenfalls nach Zitronenschale (→ Seite 51). Sie wird ca. 30 cm hoch, blüht von Juni an und sorgt am Beetrand und in Gefäßen für eine fröhlich-bunte Farbmischung in Gelb-Orange-Rot-Tönen. Streng und edel wirken dagegen das meist einjährig gezogene Lemongras, auch Zitronengras genannt (*Cymbopogon citratus* und *C. flexuosus*). Beide Arten werden 60–120 cm hoch und gedeihen gut im Kübel, wenn sie nährstoffreiche Erde bekommen und kräftig gedüngt werden. Lemongras ist ein wichtiges Gewürz der asiatischen Küche, das auch ganzjährig verfügbar ist, wenn Sie es hell und trocken im Haus überwintern.

➤ Unter den **mehrjährigen Arten** finden sich etliche robuste und winterharte Zitruskräuter. Die Zitronenmelisse (→ Seite 57) gedeiht selbst noch im Halbschatten. Sie können Sie auch in größeren Gefäßen ziehen. Von Minzen gibt es zwei Varietäten, deren Duft und Aroma mal mehr an Limone und mal eher an Zitronenschale erinnert. Wie die Pfefferminze sind sie leicht zu kultivieren (→ Seite 58/59), werden etwa 30 cm hoch und gedeihen auch im Kübel. Ideal für Duftwege (→ Seite 64/65), Terrassen-Einfassungen (→ Seite 16/17) und Gefäße ist der Zitronenthymian (*Thymus* x *citriodorus*). Er wird bis 30 cm hoch und blüht rosa. Seine kleinen dunkelgrünen Blätter haben ein feines Zitronenaroma, passend für Salate und viele Gerichte, sogar Bratkartoffeln. Schöne Farbeffekte können Sie erzielen, wenn Sie sich die Sortenvielfalt von Thymian zu Nutze machen. Es gibt Sorten mit weißbunten oder gelbbunten Blättern. Kombinieren Sie doch ein fach! Wie kleine Bunte Moospolster wirken die Blätter von 'Golden Dwarf'.

## GUT GESCHÜTZT IN DIE WINTERRUHE

Einige mehrjährige Arten sind im Gefäß bezaubernd, kommen jedoch nur mit einer schützenden Abdeckung über den Winter (→ Seite 86/87). Zu ihnen zählt das Afrikanische Zitronenkraut (*Satureja biflora*), ein Verwandter unseres Bohnenkrauts. Es wird bis 50 cm hoch und bildet im Sommer kleine, weiße Blüten. Die hellgrünen Blätter haben ein sehr intensives, süßes und prickelndes Zitronenaroma, das auch für Süßspeisen verwendbar ist. Der Zitronenysop (*Agastache mexicana*) erreicht bis 80 cm Höhe und bildet von Juli bis Oktober hinreißend magentarote Blüten. Die hellgrünen Blätter schmecken umwerfend nach einer Mischung aus Zitrone und Estragon. Ebenfalls etwas pflegeaufwändiger sind frostempfindliche Gehölze mit Zitronenaroma (→ Seite 62). Sie gedeihen am besten im Kübel und müssen im Haus überwintert werden (→ Seite 86/87).

*An einem geschützten Platz auf der Terrasse fühlen sich Zitronenkräuter wohl.*

### Zitruskräuter frisch & fruchtig

| Name | Höhe<br>Blattfarbe | Blütezeit<br>Blütenfarbe |
|---|---|---|
| Lemongras<br>*Cymbopogon flexuosus* | 120 cm<br>frischgrün | August<br>Braungrün |
| Limonenminze<br>*Mentha* x *piperita* 'Citrata' | 30 cm<br>bronzegrün | Juli–September<br>Lilarosa |
| Zitronenbohnenkraut<br>*Satureja montana* var. *citriodora* | 30 cm<br>stumpfgrün | September<br>Rosa |
| Zitronenminze<br>*Mentha* x *gracilis* var. *citrata* | 40 cm<br>rotgrün | Juli–September<br>Lilarosa |
| Zitronenquendel<br>*Thymus serpyllum* 'Lemon Curd' | 10 cm<br>gelbgrün | Juni–August<br>Dunkelrosa |
| Zitronentaglilie<br>*Hemerocallis citrina* | 70–80<br>hellgrün | Juni–Juli<br>Zitronengelb |
| Zitronenthymian<br>*Thymus* x *citriodorus* | 30<br>dunkelgrün | Juni–Juli<br>Rosa |
| Zitronenysop<br>*Agastache mexicana* | 80 cm<br>gelbgrün | Juli–Oktober<br>Magentarot |

# Gehölze mit Aroma

Viele langlebige Gehölze haben würzige Blätter, Blüten oder Früchte. Sie stehen gern als Kübelpflanzen auf der Terrasse Spalier und verwöhnen uns mit herbem oder fruchtigem Aroma.

Im Gegensatz zu Halbsträuchern wie Lavendel, die nur im unteren Teil holzig sind, verholzen bei Bäumen und Sträuchern sämtliche Triebe (→ Seite 8/9). Auch bei den aromatischen Gehölzen gibt es Laub abwerfende (Zitronenverbene) und immergrüne Arten (Lorbeer, Wacholder). Die meisten würzigen Gehölze stammen ebenso wie die Zitrusgewächse aus südlichen Ländern und müssen in unseren Breiten frostfrei überwintert werden (→ Seite 86/87).

## ERNTEN SIE MAL LORBEEREN

Lorbeer (*Laurus nobilis*) ist vielseitig einsetzbar. Mit zwei Hochstämmchen können Sie z. B. nicht nur Ihren Hauseingang veredeln, sondern die herb aromatischen Blätter als Fleischwürze verwenden. Frische Blätter schmecken intensiver, deshalb sollte ein kleines Lorbeerbäumchen in keiner Kräuter-Topfparade fehlen. Lorbeer reagiert empfindlich auf frostige Temperaturen. Man kann ihn nur als Kübelpflanze halten und muss ihn rechtzeitig vor dem Wintereinbruch in einen hellen, kühlen Raum zum Überwintern bringen (→ Seite 86/87). Bei ausreichender Feuchtigkeit (aber Achtung: keine Staunässe!) und gelegentlicher Düngung wächst er zu einem wahren Prachtexemplar heran, das jeder Terrasse eine noble Note verleiht.

## MÖGEN SIE ES HERB ...

Zu den wenigen bei uns winterharten, würzigen Arten gehört der Wacholder (*Juniperus communis*), eine heimische Zypressenart, die sonnige Standorte mit mäßig trockenem, durchlässigem Boden bevorzugt und in den Heiden Mitteleuropas zu Hause ist. Er kann auch als Kübelpflanze gezogen werden, wenn das Gefäß groß genug ist. Würzige Beeren bilden aber nicht alle im Handel erhältlichen Sorten, empfehlenswert sind 'Hibernica' und 'Meyer'. Wacholder ist ein zweihäusiger Nadelbaum, d. h. männliche und weibliche Blütenstände sitzen auf getrennten Pflanzen. Die Bäumchen haben Zweige mit blaugrünen, spitzen Nadeln und wachsen zu etwa 3 m hohen Säulen heran. Beeren tragen nur die weiblichen Exemplare. Sie sind im ersten Jahr noch grün, erst im zweiten Jahr werden sie dunkelblau und reif. Ihr bitteres, herzhaftes Aroma passt wunderbar z. B. zu Wildgerichten oder Sauerkraut und ist Grundstoff für die Destillierung von Gin. Im Garten eignet er sich in Gruppenpflanzung gut als ganzjähriger Sichtschutz, macht aber auch als Solitärgehölz Eindruck.

## ... ODER LIEBER FRUCHTIG?

Nicht nur bei Stauden und Einjährigen (→ Seite 60/61), auch bei Gehölzen ist das würzige Zitrusaroma weit verbreitet. Besonders beliebt sind zwei frostempfindliche Kräutergehölze, die am besten als Kübelpflanzen zu halten sind: Zitronenverbene (→ Seite 56) und Zitroneneukalyptus (*Eucalyptus citriodora*). Die Zitronenverbene wirkt besonders edel als Hochstämmchen. Der Zitroneneukalyptus wird im Gegensatz zu seinen Bonbons liefernden Verwandten nur 2 m hoch. Er hat behaarte, graugrüne, längliche Blätter, die schon bei der kleinsten Berührung unvergleichlich zitronig duften – das macht ihn zu einem idealen Begleiter von Sitzplätzen.

*An warmen, sonnigen Standorten entfalten Kräutergehölze ihr volles Aroma.*

# Kräuter auf Schritt und Tritt

Wer wünscht sich nicht schon lange einmal über einen roten Teppich zu schreiten? Mit einem Duftweg aus Thymian wird dies zu einem Erlebnis der besonderen Art. Sie glauben gar nicht, was Kräuter alles mit sich machen lassen!

TIPP

### Ein eigener roter (Kräuter-)Teppich

- Verlegen Sie die Platten so, dass der Weg noch gut zu benützen ist und Sie bequem über die duftenden Kräuter schreiten können.
- Ein Mix aus Platten und Natursteinen wirkt sehr natürlich und bringt Abwechslung ins Bild.
- Setzen Sie die polsterförmig wachsenden Kräuter möglichst nicht in monotonen Reihen, sondern immer etwas gegeneinander versetzt.
- Besonders attraktiv sieht es aus, wenn Sie Arten mit unterschiedlichen Blattfarben und -formen in buntem Durcheinander setzen.

Vielleicht haben Sie nur wenig Platz im Garten für ein richtiges Kräuterbeet. Oder Sie wollen einen langweiligen Plattenweg etwas aufpeppen? Dann legen Sie doch einen Duftpfad mit aromatischen Kräutern an! Dazu müssen Sie nur einzelne Trittplatten herausnehmen und dazwischen ein paar Kräuterpolster pflanzen (→ TIPP). Ihr Kräuterweg soll natürlich nicht viel Pflege verlangen und auch nicht zur »Stolperfalle« werden. Ideal sind polsterförmig wachsende Kräuter wie Thymian und Römische Kamille, die niedrig bleiben, sich den einen oder anderen Tritt gefallen lassen und so dicht wachsen, dass Unkraut dazwischen keine Chance hat.

## GUT GEPOLSTERT

Niedrige Steinmauern oder die Sitzfläche einer steinernen Gartenbank eignen sich übrigens auch als Sitzfläche mit »Kräuterkissen«. Anspruchslose Polsterpflanzen wie Thymian oder Römische Kamille müssen einiges aushalten können, wenn Sie sich zu einer Mußestunde darauf niederlassen wollen. Bis die Pflanzen sich dieses Reich erobert haben und dicht genug wachsen, vergeht zwar einige Zeit, aber die werden Sie spätestens beim ersten Probesitzen auf Ihrer neuen Duftbank nicht bereuen. Selbst ein ausgedientes Sitzmöbel kommt mit einem grünen Naturpolster vielleicht noch zu neuen Ehren. Füllen Sie dazu etwas Erdsubstrat in Steinnischen oder Sofaritzen und setzen Sie dann ein paar junge Pflänzchen hinein.

*Umgeben von einem duftenden Kräuterteppich lässt es sich herrlich träumen.*

## AN THYMIAN FÜHRT KEIN WEG VORBEI

Der Klassiker für blühende Teppiche in Rosa-Violett an sonnigen Plätzen ist der immergrüne Thymian, vor allem die niedrig wachsenden Formen des Zitronenthymians (*Thymus* x *citriodorus*). Beliebt sind auch die Spielarten des nur 5–10 cm hoch werdenden Teppichthymians (*T. serpyllum*) und der an kissenförmige Moospolster erinnernde Moosthymian (*T. praecox* 'Pygmaeus') mit winzigen Blättern und malvenfarbenen Blütchen. Diese Arten vertragen auch mal einen Rasenmäherschnitt. Hübsch mit Thymian zu kombinieren ist die immergrüne Römische Kamille (*Chamaemelum nobile*) mit hellgrünen, geschlitzten Blättern und weißen Blüten im Juli. An nicht so häufig begangenen Stellen können Sie auch die Teppichpoleiminze (*Mentha pulegium* 'Nanum') pflanzen oder rasenartig wachsenden Mauerpfeffer (*Sedum*-Arten), der graugrüne Polster bildet.

*Nehmen Sie doch Platz: Das Kräuterkissen auf der Duftbank hält einiges aus.*

# PFLEGE-BASICS FÜR KRÄUTERGÄRTNER

Nur keine Bange: Kräuter zu ziehen ist gar nicht so schwer. Selbst aussäen und umtopfen, richtig gießen, düngen und die Pflanzen in Form schneiden? Ernten, konservieren und überwintern? Mit richtigem Know-how und passender Grundausstattung gelingt das ganz leicht.

# Für Kräuter-Nachwuchs sorgen

Grundsätzlich gibt es zwei verschiedene Vermehrungsarten, die vegetative Vermehrung durch Pflanzenteile und die generative durch Samen. Vom Frühjahr bis zum Spätsommer kann die erste Methode durchgeführt werden. Stecklinge, das sind etwa 5–9 cm lange Triebspitzen, lassen sich von verholzenden Arten wie z. B. Duftpelargonie, Estragon, Lavendel, Lorbeer, Rosmarin, Salbei, Thymian, Ysop und Zitronenverbene schneiden. In spezieller Anzuchterde bewurzeln sie schnell. Geteilt werden können im Frühjahr oder Herbst z. B. Liebstöckel, Oregano, Schnittlauch, Zitronengras und Zitronenmelisse. Über Samen lassen sich alle nicht verholzenden Kräuter im Frühjahr schnell vermehren.

▲ **Vermehrung durch Stecklinge**
Schneiden Sie mit einem scharfen Messer oder mit einer Gartenschere eine Triebspitze von etwa 5–9 cm Länge ab. Bei großblättrigen Pflanzen wie Duftpelargonie, Lorbeer und Salbei entfernen Sie dann die unteren Blätter. Stecken Sie den Trieb in einen mit feuchter Anzuchterde gefüllten Topf und decken Sie ihn mit einer durchsichtigen Folienhaube ab.

➤ **Kräuter teilen**
Ziehen Sie die Pflanze mit der Wurzel aus dem Gefäß oder graben Sie ein ins Beet gepflanztes Kraut aus. Teilen Sie den Wurzelballen mit einem scharfen Messer. Bei kräftigeren Kräuterstöcken verwenden Sie dafür besser eine Grabgabel oder einen Spaten. Setzen Sie die Teile in Gefäße mit frischer Anzuchterde oder getrennt ins Beet.

1

▲ **Kräuter im Gefäß aussäen**
Füllen Sie in eine saubere Aussaatschale oder einen großen Topf frische, leicht feuchte Anzuchterde. Drücken Sie die Erde zuerst mit den Händen leicht an und ebnen Sie dann mit einem Brettchen oder einer Kelle die Erdoberfläche gleichmäßig ein. Säen Sie nun die Samen in möglichst gleichen Abständen aus und drücken Sie sie leicht fest.

2

▲ **Saat mit Anzuchterde abdecken**
Ganz feine Samen von Lichtkeimern wie Majoran, Bohnenkraut und Basilikum sollten Sie nicht mit Erde abdecken. Alle anderen Samen werden mit einer dünnen Schicht Erde bedeckt, die mindestens so hoch wie das Saatgut sein muss. Ein gröberes Sieb hilft, die Erde zu verteilen.

3

➤ **Gleichmäßig feucht halten**
Die Erde darf nun bis zur Keimung nicht austrocknen! Am besten halten Sie sie mit einer Sprühflasche feucht, damit die Samen nicht ausgeschwemmt werden. Stellen Sie das Aussaatgefäß an einen warmen Ort, aber nicht in die Sonne. Sobald die Keimlinge Blätter entwickeln, können sie in Töpfe oder ab Mai ins Beet gepflanzt werden.

# Kräuter eintopfen und pflanzen

Pflanzen, die in Gefäßen gezogen werden, brauchen immer wieder einmal frische Erde, damit sie fit und vital bleiben. Auch Sämlinge werden erst richtig kräftig, wenn sie einen Topf für sich allein bekommen oder ins Beet gepflanzt werden.

Sie erkennen leicht, wann Ihre Topfpflanze dringend ein größeres Gefäß braucht: Sie entwickelt sich nicht mehr weiter, die Wurzeln nehmen fast den ganzen Topf ein und schauen bereits unten aus dem Wasserabzugsloch heraus. Die beste Zeit für das Umtopfen ist das Frühjahr, gönnen Sie dann allen überwinterten und auch zugekauften Pflanzen eine Frischekur. Sämlinge werden im Frühjahr eingetopft oder ausgepflanzt, sobald sie vier bis sechs Blätter entwickelt haben.

## ALLES FÜR DEN UMZUG

Für Sämlinge ist ein Topf mit 8 cm Durchmesser ausreichend. Bei Topfpflanzen sollte das neue Gefäß rundum etwa 2 cm größer sein als das alte. Wenn Sie aber aus Platz- oder Gewichtsgründen keinen größeren Topf mehr verwenden wollen oder können, gibt es folgende Möglichkeit: Schneiden Sie mit einem scharfen Messer den ausgetopften Wurzelballen so in Form, dass seitlich und unten etwa 2 cm Platz für frische Erde bleibt. Am besten nehmen Sie die Triebe dann durch Stutzen im gleichen Verhältnis zurück, damit wieder ein Gleichgewicht zwischen Wurzeln und oberirdischen Teilen entsteht. Nun kann die Pflanze wieder mit frischer Erde in den alten Topf gesetzt werden, den Sie aber vorher mit einer Bürste gründlich reinigen sollten.
Achten Sie auch auf eine gute Qualität der Blumenerde. Im Handel sind Substrate erhältlich, die umweltschonend aus nachwachsenden Rohstoffen hergestellt wurden und absolut torffrei sind. Die Blumenerde sollte Wasser- und Nährstoffe besonders gut speichern und so locker sein, dass sie das Gießwasser schnell aufnehmen kann.

## TRICKS BEIM EIN- UND UMTOPFEN

Beim Eintopfen von Sämlingen ist ein Holzstäbchen oder Pikierholz hilfreich. Damit können Sie das Pflänzchen leichter mitsamt der Wurzel aus dem Anzuchtgefäß heben. Beim Umtopfen ist es oft gar nicht so einfach, die Pflanze aus dem alten Topf zu bekommen. Aus Kunststofftöpfen lösen sich trockene Wurzelballen besser, aus Tontöpfen dagegen besser feuchte. Wenn alle Tricks nicht helfen, muss der alte Topf aufgeschnitten oder zerschlagen werden. Eine Drainageschicht ist vor allem dann wichtig, wenn das Gefäß im Regen draußen steht. Nach dem Einsetzen der Pflanze wird gründlich angegossen. Stellen Sie frisch umgetopfte Pflanzen für einige Tage in den Halbschatten.

## INS BEET PFLANZEN

Selbst gezogene oder gekaufte Pflanzen können Sie ganz einfach ins Beet setzen: Graben Sie ein Pflanzloch in doppelter Wurzel- oder Ballenbreite, lösen Sie vorsichtig einen Sämling aus dem Anzuchtgefäß heraus bzw. topfen Sie die Pflanze aus (s. o.). Setzen Sie die Pflanze genau in der Höhe ein, in der sie bisher auch im Topf stand. Nun füllen Sie rundum mit frischer Erde auf und drücken sie vorsichtig an. Anschließend alles gut wässern.

1

➤

Entfernen Sie beim Umtopfen zuerst den alten Topf. Lässt sich der Ballen nicht lösen, fahren Sie mit einem langen Messer am Rand entlang. Mit einem Stock drücken Sie den Ballen von unten durch das Abzugsloch vorsichtig heraus.

2

Legen Sie auf das Wasserabzugsloch des neuen Topfes eine Tonscherbe. Als Drainage gegen Staunässe kommen 2–3 cm Kies oder Blähton hinein. Füllen Sie nun etwas Erde ein und prüfen Sie, ob der Ballen bzw. der Sämling in der gleichen Höhe wie im alten Topf zu stehen kommt. Nach oben sollte ein Gießrand von 2 cm frei bleiben. Er erleichtert das Gießen und verhindert, dass Erde aus dem Topf schwappt.

Füllen Sie nun rund um die Wurzeln Erde ein und drücken Sie sie mit den Händen an. Gießen Sie dann so lange, bis das Wasser unten aus dem Topf läuft.

3

Arbeitshandschuhe

Kräuterschere

Mini-Gewächshaus

Jungpflanzen

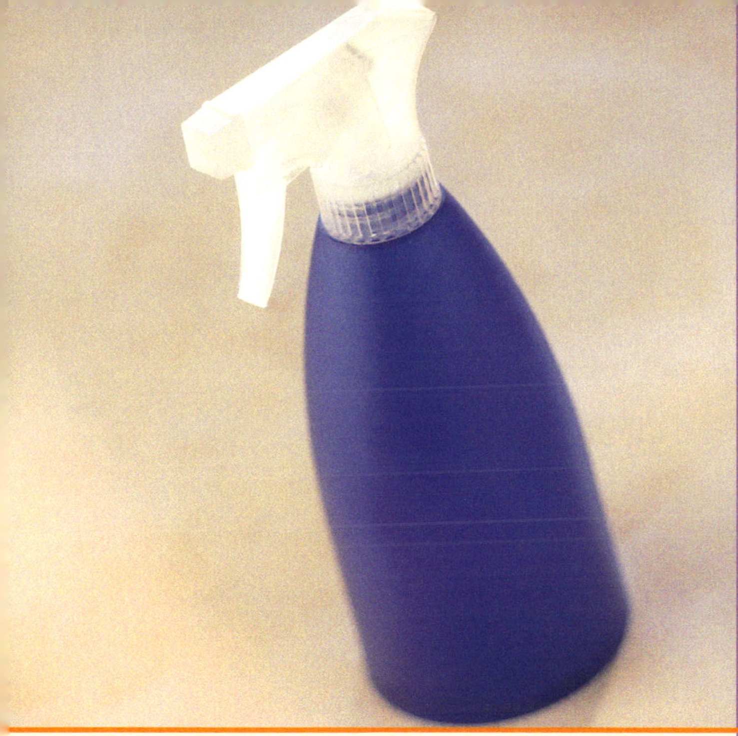

Sprühflasche

Samen und Töpfe

Kräutererde und Handschaufel

Gießkanne

## Arbeitshandschuhe

Für feine Arbeiten wie das Ausputzen zarter Kräuter benötigen Sie Handschuhe, die zwar schützen, aber doch noch ein gutes Tastgefühl ermöglichen. Sehr gut geeignet sind Einmalhandschuhe aus Vinyl, wie sie auch im medizinischen Bereich verwendet werden. Aber auch leichte, flexible Gartenhandschuhe mit Beschichtung ermöglichen noch feine Arbeiten. Fürs »Grobe« – z. B. Umtopfen oder Pflanzen – eignen sich Handschuhe aus Baumwollgewebe, die es mit vielen bunten Mustern gibt, oder auch besonders haltbare aus Leder.

## Mini-Gewächshaus

Nicht nur für den Zimmergärtner, sondern auch für alle Gartenbesitzer, die frostempfindliche Kräuter im Haus vorziehen wollen, ist ein Mini-Gewächshaus eine feine Sache. Außerdem können damit Kinder erste Erfahrungen in der Anzucht von Pflänzchen machen. Günstig, aber nicht immer sehr dekorativ sind Modelle aus Kunststoff. Bei edleren Ausführungen aus Holz sind die Seitenwände aus Acryl oder sie haben einen verzinkten Metallrahmen und echte Glasscheiben. Es gibt auch Luxusmodelle mit elektrisch beheizbarem Boden.

# Die Top 8 der

## Kräuterschere

Weiche Kräutertriebe sollten mit glattem Schnitt abgetrennt und nicht gequetscht oder gar nur abgerissen werden. So behalten sie ihr dekoratives Aussehen und ihr würziges Aroma. Eine spezielle Kräuterschere kann hier gute Dienste leisten. Viel gutes Gartenzubehör kommt aus England: z. B. handgeschmiedete Mini-Scheren. Sie haben zwei scharfe Stahlklingen, die an eine klassische Schafschere erinnern. Der Preis ist übrigens gar nicht so hoch. Eine ordentlich geschärfte Gartenschere leistet aber ebenfalls gute Dienste.

## Jungpflanzen

Von vielen Kräuterarten reicht eine Pflanze pro Haushalt, z. B. von Liebstöckel, Lorbeer oder Rosmarin. Hier lohnt sich eine Aussaat nicht, oft sind die Arten auch gar nicht so leicht zu vermehren. Deshalb ist es ratsam, Jungpflanzen der gewünschten Kräuter zu kaufen. Achten Sie aber unbedingt darauf, dass die Gewächse kräftige Triebe haben und gesund aussehen, also keine grünen oder schwarzen Läuse oder graue Schimmelbeläge haben. Auch dürfen sie nicht mit Pflanzenschutzmitteln behandelt worden sein. Erkundigen Sie sich beim Kauf danach.

## Sprühflasche

Aussaaten werden am besten mit Sprühnebel befeuchtet, denn mit der Gießkanne würden die Samen gleich wieder ausgeschwemmt. Außerdem genießen es Kräuter wie Basilikum, wenn Sie ihnen an heißen Tagen mit einem feinen Wassernebel Abkühlung verschaffen. Der Kauf eines Pflanzensprühers ist also durchaus lohnend. Einfache Modelle bestehen ganz aus Kunststoff, hochwertigere Ausführungen aus Glas oder Metall sind mit Messingdüsen ausgestattet, die aber leicht gereinigt werden können.

## Samen und Töpfe

Aussäen macht Spaß und dann Sinn, wenn Sie von einer Art eine größere Menge Pflanzen brauchen. Kräutersamen gibt es heute preiswert an jeder Ecke. Achten Sie aber darauf, dass das Verfallsdatum auf der Packung noch nicht überschritten ist, damit die Samen auch wirklich aufgehen. In Töpfen auf dem Fensterbrett lassen sich selbst empfindliche Arten gut heranziehen. Praktisch für Gartenbesitzer sind Saatbänder oder -vliese, auf denen die Samen schon im richtigen Abstand befestigt sind. Sie müssen nur noch in die Erde gelegt werden.

# Grundausstattung

## Kräutererde und Handschaufel

Gutes Substrat ist besonders wichtig, um gesunde und kräftige Kräuterpflanzen zu ziehen. Für Aussaaten gibt es sehr feine Anzuchterde, die den jungen Pflänzchen alle nötigen Nährstoffe mit auf den Weg gibt. Spezielle Kräutererde ist auf deren Ansprüche ausgerichtet. Zum Einpflanzen ist eine Handschaufel unentbehrlich. Mit ihr können Sie das Pflanzloch ausreichend groß ausheben. Es gibt sie aus unverwüstlichem Edelstahl mit Handgriffen aus Holz oder in der edelsten Variante sogar aus Kupfer.

## Gießkanne

Ohne Wasser können Kräuter nicht überleben, deshalb werden Sie sehr oft zur Gießkanne greifen müssen – gönnen Sie sich also ein praktisches Modell. Die verzinkten Kannen haben zwar nostalgischen Charme und sehen auch edel aus, aber sie wiegen schwer. Leichter sind Modelle aus Kunststoff, die es in vielen trendigen Farben gibt. Fürs Zimmer reicht oft ein Blumengießer mit 1,5 l Fassungsvermögen, für den Garten sollten es schon 10 l sein. Zum Gießen von Aussaaten ist eine feine Brause zum Aufstecken empfehlenswert.

# Kräuter & Co. in Top-Form

Der Formschnitt in ornamentale Figuren hat schon eine lange Tradition. Dekorativ geschnittene Pflanzen liegen wieder voll im Trend – man kann sie sogar bereits zurechtgestutzt kaufen. Es ist aber gar nicht schwer, sie selbst in Form zu bringen.

Für einen Formschnitt eignen sich nur Kräuter mit kräftigen, verholzenden Trieben wie Heiligenkraut, Lavendel, Lorbeer, Rosmarin, Salbei, Thymian und Zitronenverbene. Der immergrüne Buchs lässt sich ebenfalls in attraktive Formen schneiden, z.B. als rechteckige Beeteinfassung, als Kugel im Beet oder als Spirale im Topf. Damit die schöne Form erhalten bleibt, muss bei schwachwüchsigen Arten wie den oben genannten einmal im Jahr, am besten im Juni oder nach der Blüte, geschnitten werden. Greifen Sie zur Gartenschere und gehen Sie unverzagt ans Werk, denn eventuelle Schneidfehler wachsen wieder aus!

## KLASSISCHE FORMEN

Sie können Ihre Kräuter bzw. den Buchs natürlich gleich frei Hand zurechtstutzen. Exakter wird es aber meist, wenn Sie sich z.B. aus Draht oder Bambusstäben eine Schablone für die gewünschte Form basteln und diese in die Pflanze stecken. Eine gespannte Schnur tut´s oft auch. Daran können Sie dann entlangschneiden. Beim großblättrigen Lorbeer sollten Sie darauf achten, dass das Laub beim Stutzen nicht angeschnitten wird. Die Wundränder verfärben sich sonst braun und sehen dann längere Zeit unattraktiv aus. Bei kleinblättrigen Arten wie Buchs ist dieser Effekt nicht so auffällig. Warten Sie möglichst auf einen günstigen Zeitpunkt im Frühsommer, wenn der stärkste Neuaustrieb abgeschlossen und nach dem Schnitt nicht mehr mit sehr viel Zuwachs zu rechnen ist.

➤ **Kugel** und **Kugelbaum:** Entfernen Sie bei einem Hochstamm zunächst alle störenden, überschüssigen Triebe am Stamm. Stecken Sie dann um die Krone herum vier Bambusstäbe senkrecht in die Erde und verbinden Sie die Stäbe durch oben und unten waagerecht gespannte Schnüre, sodass ein gleichmäßiger Würfel entsteht. Schneiden Sie das Gehölz entlang dieser Markierung zu einem Block, entfernen Sie dann die Schablone und runden Sie die Kanten zur Kugel ab.

➤ **Kegel:** Stecken Sie drei Bambusstäbe im gleichmäßigen Abstand um die Pflanze herum in die Erde. Binden Sie in Höhe der vorgesehenen Spitze die Enden der Stäbe mit einer Schnur zusammen. Drehen Sie die Bambuskonstruktion dann während des Schnitts immer ein kleines Stück weiter um die eigene Achse, um eine gleichmäßige Rundung zu erhalten.

➤ **Pyramide:** Verwenden Sie vier Bambusstäbe und binden Sie sie wie beim Kegel beschrieben zu-sammen. Die vier Stäbe markieren die Kanten der Pyramide. Von einem Stab zum anderen schneiden Sie dann die Seitenflächen der Pyramide glatt. Ein waagerecht angelegter Stab dient dabei als Richtmaß.

➤ **Spirale:** Winden Sie eine Schnur von der Spitze aus gleichmäßig spiralförmig nach unten, und binden Sie sie am Stamm fest. Eventuell müssen Sie zur Verstärkung der Spitze einen Bambusstab hineinstecken. Schneiden Sie entlang der Schnur die Vertiefungen aus und runden Sie dann abschließend die Oberfläche gleichmäßig ab.

➤ **Tierform:** Wenn es mit der freien Gestaltung noch nicht so recht klappen will, können Sie im Gartenfachhandel bereits vorgeformte Schablonen aus Draht kaufen, die es mittlerweile für eine ganze Reihe von Motiven gibt.

## SCHNITTIGE EINFASSUNGEN

Auch für den Formschnitt von niedrigen (Buchs-)Hecken am Beetrand gibt es Möglichkeiten, die je nach Geschmack streng oder verspielt wirken können. Schnurgerade und eckig sind sie besonders edel. Damit Ihnen das gut gelingt, sollten Sie in der gewünschten Höhe eine Richtschnur spannen. Durch Abrundungen nehmen Sie den Kanten die formale Strenge und erhalten eine weichere Form.

Bereits zur höheren Kunst des Formschnitts gehört ein wellenförmiger Verlauf, den man sich aber nur mit etwas Übung und einer ruhigen Hand zutrauen sollte. Am besten gelingt er, wenn Sie zur Markierung der Scheitelpunkte unterschiedlich hohe Stäbe am jeweils tiefsten und höchsten Punkt der Einfassung in die Erde stecken.

## RÜCKSCHNITT NACH DER BLÜTE

Lavendel und Salbei neigen dazu, im Laufe der Jahre immer höher zu werden und unten zu verkahlen. Das sieht irgendwann nicht mehr attraktiv aus. Außerdem werden die Zweige so ausladend, dass andere Pflanzen förmlich überwuchert werden. Schneiden Sie deshalb mindestens alle zwei Jahre, besser aber jedes Jahr, nach der Blüte im Frühsommer die Triebe kräftig zurück, also um ein Drittel bis zur Hälfte. Stutzen Sie knapp über einem kräftigen neuen Trieb, der sich bereits in einer Blattachsel gebildet hat. Wenn Sie zu tief ins kahle Holz schneiden, treiben die Kräuter nur noch schlecht wieder aus. Durch den richtigen Rückschnitt bleiben die Pflanzen schön buschig und blühen üppiger.

*Salbei verträgt nach der Blüte einen kräftigen Rückschnitt.*

*Mit etwas Übung können Sie das Rosmarin-Kugelbäumchen frei Hand schneiden.*

Tropfschlauch

Balkonkasten mit Wasserdepot

Basics

# Helfer beim Gießen

Eine ausreichende Wasserversorgung ist für alle Pflanzen lebenswichtig. Damit die durstigen Gesellen regelmäßig versorgt sind, gibt es »Heinzelmännchen«, die Ihnen diese Arbeit abnehmen oder zumindest erleichtern können.

Pflanzen bestehen selbst zu 75–95 % aus Wasser. Dieses Element hält bei den Gewächsen die Gewebespannung aufrecht, es transportiert in ihrem Körper Nährstoffe und Stoffwechselprodukte, ist Baustein von vielen organischen Substanzen und an heißen Tagen sorgt verdunstendes Wasser für Abkühlung. Versiegt der Wasserstrom, gerät der gesamte Pflanzenhaushalt aus den Fugen. Erhält die Pflanze zu viel des Guten, faulen ihre Wurzeln durch Sauerstoffmangel. Die goldene Mitte ist auch beim Gießen das Maß aller Dinge (→ Seite 80). Im Handel finden Sie eine Reihe von Geräten, die dabei helfen können.

## BEWÄSSERUNGSKUGELN

Sie sind genauso dekorativ wie praktisch, bestehen aus Glas und werden mundgeblasen. Oft haben sie sogar aparte Muster aus verschieden farbigem Glas – und keine gleicht der anderen. Eine Kugel fasst in der Regel etwa 0,5 l Wasser und kann einen größeren Topf versorgen. Es gibt aber auch Kugeln mit weniger Fassungsvermögen für kleinere Pflanzen. Füllen Sie sie mit Wasser und stecken Sie den Fuß in die Topferde. Die Pflanze nimmt sich dann genau so viel, wie sie braucht. Bei heißem Wetter reicht der Vorrat in der Regel für ein paar Tage.

## BLUMAT

Für Blumenkästen und Kübelpflanzen gibt es so genannte Tropfbewässerungen in verschiedenen Ausführungen. Allen gleich ist ein von Hand zu füllender Wassertank, der erhöht angebracht wird, damit ein gewisser Wasserdruck entsteht. Über eine beliebige Anzahl dünner, miteinander gekoppelter Kunststoffschläuche können mehrere Gefäße gleichzeitig versorgt werden. Am Schlauchende regeln Tropfer den Austritt des Wassers, die nach

Bewässerungskugeln

Blumat

unterschiedlichen Prinzipien arbeiten. Beim Blumat fungieren kleine Tonkegel als Wasserspender, die je nach Feuchtigkeit der Erde die nötige Menge Wasser abgeben. Ein Tropf-Blumat bewässert im Durchschnitt ca. 25 cm Erdreich. Durch die begrenzte Wassermenge im Tank können auch diese Geräte nicht über einen längeren Zeitraum eingesetzt werden, für etwa eine Woche reichen sie jedoch meistens. Auch neigen sie bei sehr kalkhaltigem Wasser zur Verstopfung und sollten regelmäßig überprüft werden.

## TROPFSCHLAUCH

Davon sind verschiedene Ausführungen im Handel, die Ihre Pflanzen in Gefäßen und Beeten den ganzen Sommer über mit Wasser versorgen können. Der Tropfschlauch muss an einen Wasserhahn angeschlossen werden. Über seine Öffnungen tropft Wasser auf den Boden unter den Pflanzen genau in den Wurzelbereich. Damit die Kräuter die richtige Wassermenge bekommen, empfiehlt sich eine automatische Bewässerungssteuerung, kombiniert mit einem Sensor, der die Feuchte im Boden misst. Es gibt auch Modelle, bei denen eine Zeituhr das Ein- und Ausschalten regelt. Wenn Sie so ein aufwändiges System installieren, können Sie unbesorgt auf eine längere Reise gehen, sofern ein Nachbar ab und zu nach dem Rechten schaut. Achtung: Bei stark kalkhaltigem Wasser können auch diese ausgeklügelten Tropfvorrichtungen verstopfen und müssen deshalb regelmäßig kontrolliert werden.

## BALKONKASTEN MIT DEPOT

Es gibt Balkonkästen mit einem Wasserreservoir im Gefäßboden, das durch einen Zwischenboden vom darüber liegenden Substratbereich getrennt wird. Das Wasser wird über einen Einfüllstutzen mit Überlauf nachgefüllt und über Dochte in das Substrat gesaugt. Damit sind die Pflanzen zumindest für einige Tage versorgt. Diese Kästen müssen jedoch absolut waagerecht aufgestellt werden, damit über die ganze Länge ein gleichmäßiger Wasserstand gewährleistet ist.

## WEITERE HILFREICHE GERÄTE

Gefäße und kleine Kräuterbeete können Sie natürlich auch mit der Gießkanne (→ Seite 73 und 75) wässern. Bei größeren Flächen ist ein Gartenschlauch mit einem Wasseranschluss in der Nähe unverzichtbar, an den der Schlauch mittels einer Kupplung angeschlossen wird. Sprühdüsen regulieren den Wasserstrahl zwischen fein und grob. Zur Arbeitserleichterung können Sie an den Schlauch auch einen Rasensprenger anschließen, mit dem sich größere Beete beregnen lassen. Dabei haben Sie die Wahl zwischen verschiedenen Typen:

- Viereck- oder Pendelregner lassen sich so einstellen, dass sie genau eine rechteckige Fläche mit Wasser versorgen.
- Kreisregner verteilen das Wasser gleichmäßig auf eine kreisförmige Fläche.
- Impulsregner rotieren impulsartig und benetzen entweder einen Kreis oder einen Teilbereich.

# Richtig gießen und düngen

Auch Kräuter haben ein paar Grundbedürfnisse: Damit sie ihr vollwürziges Aroma entwickeln, benötigen sie regelmäßig Wasser und Nährstoffe in ausreichender Menge.

*Am schonendsten gießen Sie ohne Brause direkt auf die Erde.*

Bei Kräutern gibt es zwei große Gruppen: Solche für sonnige Plätze (→ Seite 34/35) mit nadelartigen, behaarten und silbergrauen Blättern wie Lavendel, Rosmarin und Thymian sind besser vor Verdunstung geschützt und müssen nicht so oft gegossen werden. Sie wachsen relativ langsam, sind an magere, trockene Böden angepasst und benötigen deshalb auch wenig Dünger. Schnell wachsende Kräuter mit saftiggrünen Blättern wie Basilikum, Petersilie und Schnittlauch brauchen dagegen weitaus mehr Wasser und Kraftfutter.

## WASSER MARSCH!

Ohne Wasser trocknen viele Kräuter sehr schnell aus und gehen ein. Durstige Pflanzen in Beeten und Gefäßen erkennen Sie leicht an hängenden Blättern und Trieben. Bei Kübelpflanzen bildet sich dazu ein Spalt zwischen Topf und Wurzelballen, das Gefäß ist auffallend leicht. Gräuliche oder gar rissige Erde benötigt dringend einen Wasserguss. Um ganz sicherzugehen, machen Sie eine Fingerprobe: Wenn Sie in 1 cm Tiefe keine Feuchtigkeit in der Erde spüren, muss die Gießkanne ran. Verwenden Sie zum Gießen möglichst weiches Regenwasser oder abgestandenes Leitungswasser. Wässern Sie lieber weniger oft, dafür aber durchdringend. Lassen Sie Topfballen nie komplett austrocknen, da dies einige Arten wie z. B. Zitroneneukalyptus übel nehmen. Wenn ein Topfballen wirklich einmal trocken ist, tauchen Sie ihn unter Wasser, bis keine Luftblasen mehr aufsteigen. Verwenden Sie zum Gießen möglichst eine Gießkanne ohne Brause und wässern Sie direkt auf die Erde. Automatische Bewässerungen aus dem Fachhandel (→ Seite 78/79) erleichtern die Gießarbeit und machen es auch möglich, mal einige Tage wegzufahren.

## FUTTER FÜR KRÄUTERKRAFT

Pflanzen benötigen für ihr Wachstum Nährstoffe, die sie aus der Erde aufnehmen. In Form von Dünger müssen sie immer wieder zugeführt werden.

➤ Für Beete ist es zumeist ausreichend, im Frühjahr mit Kompost (gibt es auch zu kaufen) zu düngen. Für die Gruppe der genügsamen graulaubigen Kräuter genügt eine Schicht von etwa 2 l pro $m^2$ für die stark wachsenden grünlaubigen darf es das Doppelte sein. Natürlich kann man auch Dünger kaufen, im Fachhandel gibt es organische und mineralische Dünger. Erstere sind langsamer wirkende Naturprodukte, Letztere geben den Pflanzen rasch und direkt den benötigten Nährstoff. Was Sie auch verwenden: Halten Sie sich in puncto Dosis an die Dünge-Empfehlungen auf der Verpackung.

➤ Topfpflanzen brauchen etwas mehr Kraftfutter, da sie nur einen kleinen Wurzelraum nutzen können. Gedüngt wird während der Hauptwachstumszeit, etwa von März bis Mitte August, mit einem handelsüblichen Produkt. Es gibt flüssige oder pulverförmige Dünger, die sich leicht in Wasser lösen und schnell wirken. Genügsame Arten bekommen während der Saison alle 2–3 Wochen, anspruchsvollere jede Woche eine Düngergabe. Frische, gute Qualitäts-Blumenerde enthält eine Düngerration für etwa 4 Wochen, erst dann muss nachgedüngt werden. Für Kübelpflanzen können Sie auch Langzeitdünger in Form von Stäbchen oder Granulat (überall im Fachhandel) verwenden, die vom Frühjahr bis zum Spätsommer wirken.

*Flüssigdünger lässt sich besonders leicht dosieren und auflösen.*

TIPP

### Goldene Gießregeln

➤ Wässern Sie nie bei praller Sonne, sondern am frühen Morgen oder späten Nachmittag. Wassertropfen wirken auf Blätter wie Brenngläser.

➤ Verwenden Sie möglichst abgestandenes Wasser. Kaltes Leitungswasser sollten Sie sprühen, damit es sich noch etwas erwärmen kann.

➤ Gießen Sie möglichst nicht über die Blätter, sondern in den Wurzelbereich. Sie fördern sonst Pilzbefall.

➤ Wässern Sie lieber seltener, dafür aber durchdringend.

➤ Kübelpflanzen dürfen Sie auch in den Untersetzer gießen. Was nach einer halben Stunde noch nicht aufgesaugt ist, sollte wieder ausgeschüttet werden.

# Kräuter richtig ernten

Zunächst heißt es für den Kräutergärtner, seine Ungeduld noch etwas zu zügeln: Denn die zarten Kräuter brauchen nach dem Säen oder Pflanzen eine gewisse Schonzeit, bis Sie endlich vorsichtig ein paar würzige Blättchen oder Triebe zupfen dürfen.

Wenn Sie regelmäßig über den ganzen Sommer immer wieder frische Kräuter ernten, haben Sie übrigens nicht nur Aroma pur, sondern Sie halten durch den Schnitt Ihre Pflanzen auch noch gut in Form. Für möglichst viel würzigen Geschmack gehen Sie am besten so vor:

Der beste Zeitpunkt ist der späte Morgen eines sonnigen Tages, sobald der Tau auf den Kräutern abgetrocknet ist. Wenn es sich nicht vermeiden lässt Kräuter nass zu ernten, trocknen Sie sie mit Küchenpapier gut ab. Ernten Sie möglichst nicht in der Tageshitze, denn dann lässt das Aroma der Kräuter deutlich nach. Von den meisten Arten werden kontinuierlich Blätter gezupft, sobald die Pflanzen ausreichend Triebe entwickelt haben, z. B. Basilikum, Dill, Duftpelargonie, Liebstöckel, Lorbeer, Parakresse, Sauerampfer oder Zitronenverbene. Mit einem kleinen Trick können Sie übrigens die Erntezeit von Blattkräutern wie Basilikum verlängern: Kneifen Sie einfach die Blütenknospen aus! Die Pflanzen bilden dann mehr Blätter.

Triebspitzen werden vor allem verwendet von Bohnenkraut, Majoran, Oregano, Rosmarin, Thymian und Salbei. Pflanzen, bei denen regelmäßig die Triebspitzen abgeschnitten werden, wachsen dann besonders buschig und kompakt.

Estragon, Kerbel, Kresse, Petersilie, Pfefferminze, Rucola, Schnittlauch und Zitronenmelisse können Sie bodennah abschneiden. Verwenden Sie hierfür ein gut geschärftes Messer oder eine ebenso scharfe Kräuterschere, damit die Stängel nicht gequetscht werden und ihren würzigen Saft verlieren. Viele Arten wie Schnittlauch oder Rucola treiben nach einem sachgemäßen Rückschnitt wieder kräftig aus. Schnittlauch sollten Sie jedoch unbedingt nur bis ca. 2 cm über dem Boden abschneiden, weil er sonst keine neuen Triebe mehr bilden kann.

Bei Petersilie werden immer von außen nach innen die jeweils ältesten Blätter geerntet, der Herztrieb aber bleibt stehen, damit die Pflanze weiterwachsen kann. Essbare Blüten (→ Seite 50/51) z. B. von Duftgeranien, Kapuzinerkresse, Lavendel, Rosmarin, Salbei, Schnittlauch und Thymian zupft man vorsichtig ab, ohne die Pflanze zu beschädigen. Zur Ernte der würzigen Samen von Dill, Koriander und Kümmel lässt man die Blütendolden stehen. Von Wurzelpetersilie und Knoblauch werden Wurzeln oder Zehen verarbeitet.

## DIE OPTIMALE REIFEZEIT

Die meisten Kräuter werden bis kurz vor der Blüte geerntet, dann zwei Finger breit über dem Boden abgeschnitten und Überschüsse konserviert. Zu diesem Zeitpunkt ist der Gehalt an ätherischen Ölen, die für den Geschmack und das Aroma verantwortlich sind, bei fast allen Arten am höchsten. Lavendel, Oregano und Thymian sind die Ausnahmen zur Ernteregel: Sie werden nicht vor der Blüte abgeschnitten, da sie erst im aufgeblühten Zustand am würzigsten schmecken. Voll ausreifen lässt man natürlich alle jene Kräuter, bei denen auch Blüten oder

*Mit scharfer Schere geht es der Petersilie an den Kragen: Morgens ist sie besonders aromatisch.*

Samen verwendet werden. Essbare Blüten ernten Sie, sobald sie sich entfaltet haben. Die Samen können erst geerntet werden, wenn die Früchte ausgereift und trocken sind. Das ist spätestens dann der Fall, wenn die Dolden gelblich werden und zu welken beginnen. Der richtige Erntezeitpunkt für Wurzelpetersilie und Knoblauch ist erst nach dem Absterben und Einziehen der Blätter.

## RICHTIG VERARBEITEN

Bevor Sie frische Kräuter verarbeiten oder konservieren, sollten sie vorsichtig gewaschen und dann mit Küchenpapier wieder abgetrocknet werden. Längeres Wässern laugt die Kräuter aus! Bei Kräutern mit breiteren Blättern, die im Haus gezogen werden, reicht es, sie mit einem feuchten Tuch etwas abzuwischen. Verwenden Sie die geernteten Kräuter dann frisch für schmackhafte Gerichte oder konservieren Sie sie so rasch wie möglich (→ Seite 84/85). Schneiden Sie die Kräuter unbedingt nur mit einem scharfen Messer klein, damit die Inhaltsstoffe optimal erhalten bleiben.

TIPP

## Ernte gut, alles gut

Mit diesen Regeln ist bestes Aroma garantiert:

- Die beste Tageszeit für die Ernte von Kräutern ist der Vormittag, möglichst bald nach dem Abtrocknen des Morgentaus.
- Verwenden Sie zum Ernten ein Gerät mit scharfer Klinge, z.B. eine Kräuterschere (→ Seite 72 und 74) oder ein Küchenmesser. So werden die Kräuter nicht gequetscht und die Wunden an der Pflanze verheilen viel leichter.
- Wenn Sie größere Mengen verschiedener Kräuter ernten, sammeln Sie sie in separaten Gefäßen, damit sie nicht durcheinander geraten und dann erst mühsam wieder getrennt werden müssen.

Kräuterbutter herstellen

Kräuterbündel trocknen

# Kräuter konservieren

Wenn Sie Kräuter trocknen, einfrieren, einlegen oder aus ihnen würzige Butter machen, bleibt ihr typisches Aroma gut erhalten und Sie haben dann stets wunderbare Grundstoffe bereit, um in Ihrer Kräuterküche ruck, zuck die schönsten Leckerbissen zuzubereiten.

Eine uralte und sehr einfache Methode, um Kräuter zu konservieren, ist das Trocknen an der Luft. Fast ebenso alt dürfte das Einlegen von Kräutern in Essig oder Öl sein. Das Einfrieren hingegen machte erst die Erfindung des Kühlschranks möglich. Aus dem Kälteschlaf kommen die Kräuter wie frisch aus dem Garten.

## KRÄUTER TROCKNEN

Für diese Konservierungsmethode eignen sich Estragon, Koriander, Lavendel, Lorbeer, Majoran, Oregano, Rosmarin, Salbei und Thymian. Basilikum und Schnittlauch jedoch verlieren dabei ihr Aroma gänzlich. Bewahren Sie die getrockneten Kräuter dann an einem dunklen Ort in einem Schraubglas auf, sie halten ihr Aroma etwa ein Jahr.

➤ An der Luft trocknen: Fürs Trocknen sollten Sie einen warmen, luftigen Platz wählen, der ausreichend vor prallem Sonnenlicht und starkem Wind geschützt ist. Sie können die Kräuter bündeln und aufhängen oder ein Backblech mit Haushaltspapier belegen und darauf in nicht zu dichter Schicht die Pflanzenteile ausbreiten.

➤ Im Ofen trocknen: Dabei darf die Temperatur nie über 35 °C ansteigen, sonst verflüchtigen sich die ätherischen Öle, also die Aromastoffe. Legen Sie die Kräuter auf ein Backblech und lassen Sie sie einige Stunden bei leicht geöffneter Backofentür im warmen Ofen, bis sie rascheltrocken sind.

## KRÄUTER EINFRIEREN

Fast unverändert und über Monate wird sich der Geschmack Ihrer Kräuter im Tiefkühlfach erhalten:

➤ Das Einfrieren in Eiswürfelschalen hat den Vorteil, dass Sie die Kräuter dann immer bequem in kleinen Portionen entneh-

Kräuter einfrieren

Kräuter in Essig oder Öl einlegen

men können. Hierfür werden die Kräuter feucht abgewischt, trocken getupft, klein geschnitten und in die Fächer der Eiswürfelschale gefüllt. Gießen Sie etwas Wasser in jedes Fach und frieren Sie alles ein. Die erstarrten Würfel füllen Sie dann in einen Gefrierbeutel. Gut verschlossen können Sie ihn über Monate im Gefrierfach aufbewahren.

➤ Es ist auch möglich, einfach die Triebspitzen von Kräutern auf einen Teller zu legen und im Gefrierfach kurz anzufrieren. Geben Sie sie dann in einen Gefrierbeutel, verschließen Sie ihn gut und frieren Sie ihn vollständig ein. Dank dieser Methode werden auch empfindliche Blättchen wie die von Schnittlauch, Basilikum, Petersilie, Pfefferminze oder Zitronenmelisse nicht am Beutel festkleben.

## KRÄUTERBUTTER HERSTELLEN

Weitaus länger haltbar als die klassische, kalt zubereitete Kräuterbutter ist folgende Variante: Erhitzen Sie die Butter, lassen Sie die Kräuterzweige hineingleiten und einige Minuten darin ziehen, aber nicht bräunen. Nun können Sie die Kräuterbutter in ein feuerfestes Töpfchen gießen und erkalten lassen, gut verschlossen hält sie sich im Kühlschrank mehrere Wochen. Geeignet für die heiße Zubereitung sind Knoblauch, Koriander, Lavendel, Lorbeer, Majoran, Oregano, Pfefferminze, Rosmarin, Salbei, Thymian und Zitronenmelisse. Sie können die Kräuterbutter auch in eine Eiswürfelschale füllen, sie erkalten lassen und einfrieren. Die erstarrten Würfel lösen Sie dann aus den Formen, füllen sie in Gefrierbeutel und legen sie wieder ins Gefrierfach. So haben Sie immer ein aromatisches Bratfett zur Hand, das sich nun über mehrere Monate hält.

## KRÄUTER EINLEGEN

Besonders gut eignen sich für diese Konservierungsmethode Basilikum, Koriander, Lorbeer, Majoran, Oregano, Rosmarin, Thymian und Salbei. Waschen Sie die Kräuter sorgfältig und tupfen Sie sie mit Küchenpapier wieder trocken. Verwenden Sie dekorative, gut verschließbare Flaschen, ideal ist die Farbe Braun, sie schützt den Inhalt vor Sonnenlicht.

➤ Kräuter-Essige: Verwenden Sie Weinessig guter Qualität, der mindestens 4 % Säure enthält. Weißweinessig eignet sich besonders gut, sehr gern wird er mit Estragonzweigen aromatisiert. Sie können Estragon auch gut mit Basilikum, Knoblauch und Lorbeer kombinieren. Rotweinessige schmecken selbst sehr kräftig und eignen sich nur für Kräuter mit ausgesprochen intensivem Aroma wie der Lorbeer.

➤ Kräuter-Öle: Die ideale Basis für Würzöle ist kalt gepresstes Olivenöl. Zu den klassischen Kräutermischungen zählen zum Beispiel Rosmarin, Thymian, Basilikum, Oregano und Minze. Sie können auch essbare Blüten von Schnittlauch, Thymian, Veilchen oder Kapuzinerkresse mit ins Glas geben. Ebenfalls mit Olivenöl wird das klassische italienische Pesto mit Pecorinokäse, Pinienkernen, Basilikum, Majoran und Knoblauch hergestellt, das köstliche Pasta-Gerichte liefert.

# Kräuter überwintern

Viele feine und die meisten mediterranen Kräuter überstehen nur im Haus unsere frostigen Winter. Wenn sich ein passendes Plätzchen findet, ist das Überwintern gar nicht so schwer. Die Pflanzen werden sich im kommenden Jahr auf würzige Art bedanken.

Die nicht winterharten Kräuter lassen sich in zwei Gruppen einteilen: Die einen können mit etwas Schutz im Freien überdauern, die anderen müssen aber unbedingt vor den ersten Frösten ins Haus gebracht werden. Einjährige Kräuter wie Basilikum und Dill sterben ohnehin beim ersten stärkeren Frost ab. Wenn Sie sie in Töpfen ziehen, können Sie sie aber rechtzeitig ins Haus holen und dort weiter verwenden. Frostunempfindlich sind Petersilie, Pimpinelle und Rucola. Sie wachsen bei milderen Temperaturen sogar im Winter draußen und können dort geerntet werden.

## ÜBERWINTERN IM FREIEN

Viele Beetpflanzen und sogar einige im Kübel gezogene Arten können draußen bleiben.

➤ Im Beet sind in rauen Lagen Estragon, Lavendel, Oregano, Salbei und buntlaubige Thymian-Sorten dankbar, wenn sie mit Fichtenreisig oder Frostschutzvlies abgedeckt werden. In milden Regionen kommen sie meist ohne Schutz durch den Winter. Dort können auch Rosmarin und die empfindlicheren buntlaubigen Salbei-Sorten mit einer Abdeckung im Freien bleiben, in rauen Regionen zieht man sie besser in Gefäßen und überwintert sie drinnen im Haus.

➤ Wenn Sie mit Schutz überdauernde Arten im Kübel ziehen und diesen draußen überwintern wollen, müssen Sie auch den Wurzelballen vor dem Durchfrieren schützen. Rücken Sie die Pflanze an eine geschützte Stelle nahe an die Hauswand und stellen Sie das Gefäß auf eine isolierende Unterlage aus Holz oder Styropor. Schlagen Sie den Kübel dick in Noppenfolie, Jute oder einen alten Teppich ein. Die Pflanze selbst umwickeln Sie mit Winterschutzvlies.

➤ Denken Sie auch an Immergrüne wie den Buchs. Er ist zwar frosthart, sollte aber bei frostfreiem Wetter immer wieder einmal mit lauwarmem Wasser gegossen werden, da sonst einige Triebe vertrocknen können. Besonders bei in Form geschnittenen Pflanzen dauert es lange, bis der Schaden wieder herauswächst.

➤ Kleinere Töpfe können Sie draußen in eine Kiste oder Schale auf eine Drainageschicht stellen. Stopfen Sie die Topf-Zwischenräume mit Isoliermaterial wie Holzwolle oder Zeitungspapier aus und decken Sie alles mit Fichtenreisig ab.

## ÜBERWINTERN IM HAUS

Duftpelargonie, Lorbeer, Zitronenverbene und alle anderen empfindlichen Balkon- und Kübelpflanzen (→ Seite 9) kommen vor dem ersten starken Forst ins Haus an einen hellen Platz. Dort sollte die Temperatur nicht unter 5 °C fallen. Andererseits darf es nicht zu warm werden – die Grenze ist etwa bei 10 °C – damit die Pflanzen nicht »vergeilen«, also lange, dünne Triebe bilden. Dunkel und kühl können Sie einige Laub abwerfende Arten überwintern, die vorher auch zurückgeschnitten werden sollten. Zu diesen zählen die Duftpelargonien und die Zitronenverbene.

Aber selbst der immergrüne Lorbeer übersteht notfalls ein dunkles, kühles Winterquartier. Er darf dann jedoch nur wenig gegossen werden.

## VORBEREITUNG UND PFLEGE

Hören Sie etwa ab Mitte August mit dem Düngen auf, damit die Triebe der Pflanzen vor dem Winter gut ausreifen und Frost besser überstehen können. Machen Sie sich rechtzeitig Gedanken darüber, an welchen Plätzen im Haus Sie Ihre Kräuter überwintern können. Wenn Sie größere Gefäße transportieren müssen, besorgen Sie sich Transporthilfen wie Tragegurte oder Rollwägen. Die schnittverträglichen Arten (→ Seite 76) können Sie vor dem Einräumen ins Haus etwas zurückschneiden, dann brauchen sie nicht so viel Platz. Gießen Sie die Gefäße nicht mehr so stark, damit die Ballen nicht nass eingeräumt werden. Erstens wiegen sie dann weniger, zweitens fördert zu viel Nässe Fäulnis. Wenn überraschend ein Nachtfrost droht und Sie nicht sofort einräumen können, decken Sie die Pflanzen vorübergehend mit Folie oder Frostschutzvlies (im Fachhandel erhältlich) ab. Sind die Pflanzen glücklich im Winterquartier, sollten Sie sie einmal die Woche inspizieren. Abgefallenes, vertrocknetes und verschimmeltes Laub entfernen Sie, sonst könnten sich Krankheiten ausbreiten. Kontrollieren Sie die Kräuter auch auf Schädlingsbefall und unternehmen Sie nötigenfalls sofort etwas dagegen (→ Seite 88/89). Lassen Sie die Wurzelballen nicht völlig austrocknen. Das gilt besonders für Immergrüne, die auch im Winter Wasser verdunsten. Dankbar sind die Pflanzen auch, wenn Sie an frostfreien Tagen stundenweise lüften. Ab Ende Februar können Sie dann Ihre Kräuter umtopfen (→ Seite 70/71) und an einen etwas wärmeren Platz zum Antreiben stellen.

*Empfindliche Kräuter können Sie im Beet mit einem Schutzvlies vor Frostschäden bewahren.*

# Erste Hilfe für Kräuter

Gegen Krankheiten und Schädlinge sind auch Kräuter nicht gefeit. Sie müssen sich deshalb aber nicht um den Genuss bringen lassen. Auch hier gilt: Vorbeugen ist besser als heilen!

Der beste Schutz für Ihre Kräuter besteht in einem Dreistufenplan: Beugen Sie erstens nach Möglichkeit einem Befall vor, checken Sie zweitens regelmäßig die Gesundheit Ihrer Kräuter und handeln Sie drittens rasch, wenn doch Krankheiten oder Schädlinge auftreten.

## 1. ZEITIG VORBEUGEN

Achten Sie bereits beim Kauf darauf, dass Sie gesunde und kräftige Pflanzen auswählen, sonst tragen Sie die Probleme mit der Einkaufstasche nach Hause. Bei Befall mit grünen oder schwarzen Läusen, weißen Fliegen, Schimmel oder schwarzfleckigen Blättern lassen Sie die Pflanzen stehen.

Bauen Sie im Beet eine Art nicht immer an der gleichen Stelle an (Fruchtwechsel) und verwenden Sie beim Bepflanzen von Gefäßen immer frische Qualitäts-Blumenerde. Gelbtafeln helfen gegen schädliche fliegende Insekten, wenn Sie frühzeitig aufgehängt werden. Geben Sie erkrankte Pflanzenteile nicht auf den Kompost, sondern in die Biotonne, um eine Ausbreitung zu verhindern. In den kommunalen Kompostierungsanlagen werden sie bei hohen Temperaturen abgetötet.

*Kranke Triebe werden besser abgeschnitten. Das regt den Neuaustrieb an.*

*Gegen Blattläuse hilft das Einsprühen mit Seifenlauge oder Brennnesselsud.*

## 2. HILFREICHE GEISTER

Vögel sind die Insekten-Vertilger im Garten, hängen Sie ihnen Nistkästen auf und richten Sie im Winter Futterplätze auf Balkon oder Terrasse ein. Ohrwürmer vertilgen Blattläuse, Milben und sogar Pilzsporen. Sie hausen gerne in mit Stroh ausgestopften Blumentöpfen, die an Ästen oder Holzbalken aufgehängt sind.

Bestimmte Pflanzen können durch ihre Inhaltstoffe Schädlinge und Krankheiten abwehren: Bohnenkraut, Kapuzinerkresse und Lavendel vertreiben Blattläuse, Ringelblume und Tagetes helfen gegen die winzigen Nematoden, die an den Wurzeln der Pflanzen saugen, und Knoblauch dezimiert Mehltau- und Rostpilze.

## 3. RAN AN DEN FEIND

Kontrollieren Sie Ihre Kräuter regelmäßig. Sobald sich ein Befall zeigt, greifen Sie zu biologischen Mitteln:

➤ Blattläuse: Sie können grün oder schwarz sein, einen Befall erkennen Sie schon an den sich kräuselnden Triebspitzen. Dazu sondern die Tiere einen klebrigen, zuckerhaltigen Saft ab. Bekämpfen Sie Läuse mit Brennnessel- oder Seifenlauge (→ INFO).

➤ Weiße Fliege: Die kleinen weißen Insekten saugen auf der Blattunterseite. In den kühlen Morgenstunden fliegen sie noch nicht und können deshalb leicht zerdrückt werden. Hängen Sie zusätzlich Gelbtafeln auf, an denen fliegende Insekten kleben bleiben.

➤ Mehltau- und Rostpilze: Mehltau bildet einen filzigweißen Blattbelag, Rostpilze verursachen rostfarbene Blattflecken. Schneiden Sie befallene Triebe ab und vernichten Sie sie. Spritzen Sie sowohl bei Befall als auch vorbeugend mit Ackerschachtelhalmbrühe (→ INFO).

INFO

## Krankheiten und Schädlinge bekämpfen

➤ Seifenlauge gegen Blattläuse: Besorgen Sie sich in der Apotheke oder Drogerie reine Schmierseife. Lösen Sie 20 g Seife, das ist etwa ein gehäufter Teelöffel voll, in 1 l heißem Wasser auf. Sprühen Sie die befallenen Pflanzen wiederholt mit der abgekühlten, unverdünnten Lauge ein.

➤ Brennnesselauszug gegen Blattläuse: Weichen Sie 1 kg frische Brennnessel einige Stunden in 10 l Wasser ein. Sieben Sie ab und spritzen Sie den Auszug dann sofort unverdünnt.

➤ Ackerschachtelhalmbrühe gegen Pilzkrankheiten: Mischen Sie 1 kg frisches oder 100 g getrocknetes Kraut mit 10 l Wasser und lassen Sie alles einen Tag ziehen. Kochen Sie dann die Mischung $^1/_2$ Stunde, seihen Sie ab und lassen Sie alles abkühlen. Spritzen Sie die Brühe 1:5 mit Wasser verdünnt. Anfällige Pflanzen am besten vorbeugend von Frühjahr bis Sommer regelmäßig behandeln.

➤ Gegen Schnecken können Sie Triebe von Schafgarbe, Rainfarn oder Tomaten auslegen. Außerdem hilft Absammeln am Morgen oder Abend, Sie können auch Bierfallen oder rund ums Beet einen Schneckenzaun (im Fachhandel) aufstellen. Dessen scharfe Kanten sind unüberwindlich.

# Zum Nachschlagen

## BEZUGSQUELLEN

Otzberg-Kräuter
Burghart Koch
Erich-Ollenhauer-Straße 87a
65187 Wiesbaden

Rühlemann's
Kräuter & Duftpflanzen
Auf dem Berg 2
27367 Horstedt

Syringa
Duft- und Würzkräuter
Dipl.-Biol. Bernd Dittrich
Bachstraße 7
78247 Hilzingen-Binningen

## KRÄUTER UND DUFTPFLANZEN

Artemisia
Heil- und Duftpflanzen, Kräuter und Stauden
Untere Guldenstr.28
79346 Endingen-Königschaffhausen
www.artemisiagarten.de

Blumenschule Rainer Engler
Augsburger Str. 62
86956 Schongau
www.blumenschule.de

Die Kräuterei
Alexanderstr. 29
26121 Oldenburg
www.kraeuterei.de

Otzberg-Kräuter
Burghart Koch-Seubert
Erich-Ollenhauer-Straße 87 b
65187 Wiesbaden
www.otzberg-kraeuter.de

Rühlemann's
Kräuter & Duftpflanzen
Auf dem Berg 2
27367 Horstedt
www.salbeiblatt.de
www.ruehlemanns.de

Gärtnerei Stegmeier
Unteres Dorf 7
73457 Essingen
www.pelargonien-stegmeier.de

Syringa
Duft- und Würzkräuter
Dipl. Biol. Bernd Dittrich
Bachstrasse 7
78247 Hilzingen-Binningen
www.syringa-samen.de

## ACCESSOIRES

Die Gartengalerie
Wössinger Str. 15
75045 Walzbachtal
www.gartengalerie.de

Hesperiden
In der Schmalau 4
90427 Nürnberg
www.hesperiden.de
(Pflanzutensilien)

Gärtner Pötschke GmbH
Beuthener Straße 4
41564 Kaarst
www.gaertner-poetschke.de

## LITERATUR


*Hensel, Wolfgang:* Gartenspaß für Einsteiger. Gräfe und Unzer Verlag, München
*Hudak, Renate:* Obst, Gemüse & Kräuter. Küchengarten für Einsteiger. Gräfe und Unzer Verlag, München
*Kötter, Engelbert:* Küchenkräuter. Gräfe und Unzer Verlag, München
*Kötter, Engelbert:* Küchengarten. Gräfe und Unzer Verlag, München
*McVicar, Jekka:* Kräuter. Dorling Kindersley, Starnberg


## DANK


Verlag und Fotografen danken für die freundliche Unterstützung bei der Fotoproduktion:

Rudolf Auwärter, Harlachhammer
Elke Brandl, Marktredwitz-Lorenzreuth
Ingrid Bock, Marktredwitz-Lorenzreuth
Jolanda Englbrecht, Westerham
Christina Freiberg, München
Gärtnerei Gramsch, Markredwitz
Regina Hacker, Arzberg
Udo Helm, Marktredwitz-Lorenzreuth
Fam. Hönlinger, Marktredwitz
Dagmar Jahreiß, Selb
Rainer Kotschenreuther, Marktredwitz
Peter Müller, Marktredwitz-Lorenzreuth
Heike Rußwurm, Hohenberg
Matthias Schwägerl, Marktredwitz
Klaus Sommerer, Marktredwitz-Lorenzreuth
Stil & Blüten, Hohenberg
Günther Wunderlich, Selb
Helga Wunderlich, Marktredwitz-Lorenzreuth

## REGISTER

# GREEN LIVING

*Neue Lust auf grüne Lebensart*

ISBN 3-7742-3760-3
*96 Seiten*
*12,90 € [D]*

ISBN 3-7742-3765-4
*96 Seiten*
*12,90 € [D]*

ISBN 3-7742-5752-3
*96 Seiten*
*12,90 € [D]*

*Jetzt werden Gartenträume wahr: Konkret und praxisnah, mit einfachen Schritt-für-Schritt-Anleitungen, tollen Gestaltungsideen und ausführlichen Pflanzenporträts zeigen Ihnen diese Ratgeber, wie Sie Ihre individuellen Wünsche realisieren können – und das ohne viel Aufwand.*

## WEITERE LIEFERBARE TITEL BEI GU:

- Das große GU Gartenbuch
- Gartenblumen
- Balkon- & Kübelpflanzen

GU

**Gutgemacht. Gutgelaunt.**

# IMPRESSUM

**Die Autorin**
Dipl.-Ing. agr. Jolanda Englbrecht studierte an der Technischen Universität München-Weihenstephan Gartenbau-Wissenschaften mit dem Schwerpunkt Arznei- und Gewürzpflanzen. Sie ist ebenso ambitionierte Gärtnerin wie Büchermacherin – als Autorin und als Redakteurin.



Programmleitung: Steffen Haselbach
Leitende Redaktion: Anita Zellner
Redaktion: Angelika Holdau
Lektorat: Christina Freiberg
Layout + Umschlaggestaltung: independent Medien-Design, München
Herstellung: Maike Harmeier
Satz: Bernd Walser Buchproduktion, München
Reproduktion: Fotolito Longo, Bozen
Druck: Appl, Wemding
Bindung: Conzella, Pfarrkirchen
Printed in Germany

ISBN 3-7742-6145-8

| Auflage | 4. | 3. | 2. | 1. |
|---|---|---|---|---|
| Jahr | 2007 | 2006 | 2005 | 2004 |

GRÄFE UND UNZER

*Ein Unternehmen der*
GANSKE VERLAGSGRUPPE

**Bildnachweis**
Alle Fotos von Jahreiß/Wunderlich mit Ausnahme von: Borstell: 27; Crichton: 13 u.; Lawson: 14 u.; Nickig: 6; Reinhard: 13 o.; Schneider/Will: 65.

**Fotografen**
Manfred Jahreiß arbeitet in Hohenberg als freier Fotograf. Eva Wunderlich leitet sein Studio in München.

**Umwelthinweis**
Dieses Buch wurde auf chlorfrei gebleichtem Papier gedruckt. Um Rohstoffe zu sparen, haben wir auf Folienverpackung verzichtet.

**Wichtige Hinweise**
➤ Alle Dünge- und Pflanzenschutzmittel, auch die biologischen, müssen unbedingt so aufbewahrt werden, dass sie für Kinder und Haustiere unerreichbar sind. Der Verzehr dieser Mittel kann zu gesundheitlichen Schäden führen. Außerdem dürfen sie nicht in die Augen gelangen.
➤ Wenn Sie sich bei der Gartenarbeit verletzen, sollten Sie umgehend einen Arzt aufsuchen. Eventuell ist eine Impfung gegen Tetanus erforderlich.



Ihr Gräfe und Unzer Verlag
Redaktion Haus und Garten
Stichwort: Kräutergarten
Postfach 86 03 66
D-81630 München
Fax: 089/41981-113
e-mail: leserservice@graefe-und-unzer.de